子どもと一緒に覚えたい

貝殻の名前

Name of the shell

はじめに

子どもがよく拾って集めるものに貝殻があります。
浜辺へ行けば、誰もが簡単に拾えて、保管も簡単。
特別な道具もいらなければ、知識もお金もいりません。
そういった意味では、子どもが拾って集めるものの中で、
もっともコレクションしやすいものかもしれません。

この本では、よく図鑑に載っているような、
素晴らしく美しいけれど、なかなか拾えない貝殻ではなく、
運が良ければ、その辺で誰でも拾える貝殻だけを集めました。
ゆえに、見た目はかなり地味ですが、
この本を読めば、子どもがよく拾ってくる「あの貝殻」の
正体が分かるかもしれません。

それにしても、よく考えてみれば、貝殻はとても不思議です。
いわば生物の死骸なのに、動物の骨や昆虫標本のように
怖いとか触りたくない、と思う人は少ないでしょう。

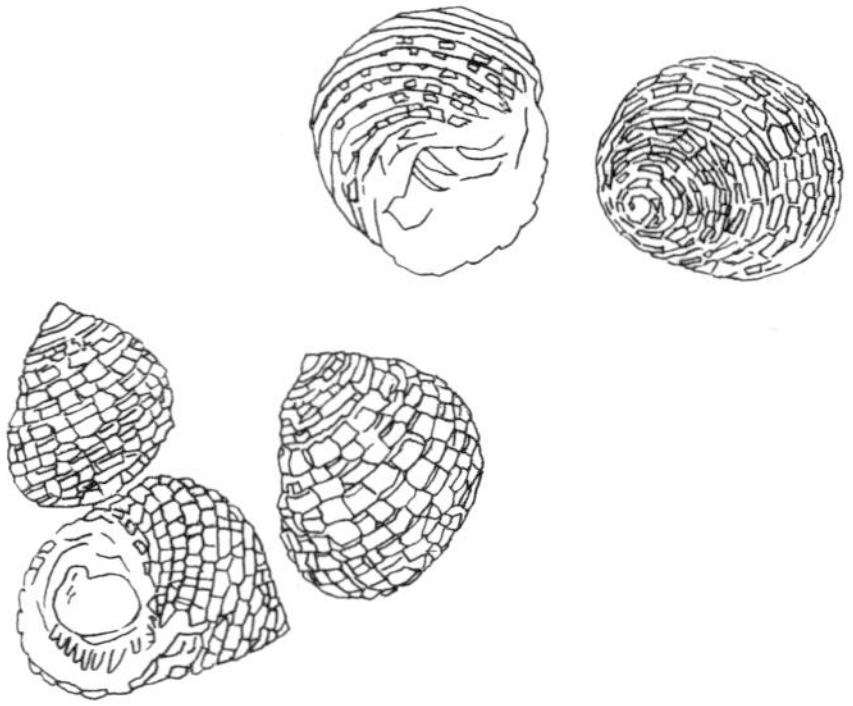

むしろ拾わずにはいられない。

また植物や昆虫などは、特別な処理をしないと
腐ってしまったり、形を保てないことも多いですが、
貝殻は拾ったその瞬間から、完成されており、
そのままで半永久的に同じ状態を保つことができる管理の手軽さも
子どものコレクションとして最適です。

お金を持たない子どもが、誰かへの贈り物としても使えたり、
またはクラフトの材料になるかもしれません。
場合によっては珍しい発見をするかも。

貝殻は、その貝が確かにその海で生きていた証拠。
広い浜辺の中で偶然、貝殻を見つけることは、
科学への扉を開く最初の鍵かもしれません。
一度、海辺へ出かけて、子どもと一緒に貝殻拾いをしてみて下さい。
波の音と潮の香りを感じながら、
ゆっくり子どもと一緒に貝殻を探すだけで、親も心が洗われますよ。

目次

※本書は子どもに分かりやすい表現を重視する観点から、文章内で生物学の正式名を使ってない場合があります。また貝殻の写真は、生物学的に種別を判明させることよりも、実際に子どもが海で見かける状態を表現することを重視しているため、キレイな傷のない標本ではなく、実際に海岸で拾った貝殻を使っています。そのため一部朽ちたり剥げたりしているものもあり、写真では似た種と判別ができない場合があります。

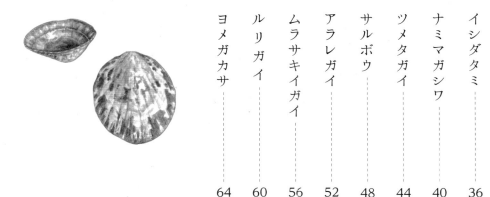

貝は生まれたら、
海の中を旅する

硬い殻を持つ貝たち。でもその殻はそもそもいつ、どのようにできるのかは、あまり知られていない。そもそも貝には目や口はあるのか、はたまた卵で育つのか、そんなことさえも、私たちはよく知らない。

写真は巻貝の赤ちゃん。まるで海の妖精のようだ。この写真の個体で実際には1㎜ほどしかなく、まだ硬い殻もなければ、自力でどこか決まった場所を目指すことはできない。一生懸命泳いだとしても、この小ささでは潮の流れに勝てるはずもない。生まれたての貝はぷよぷよとして柔らかい。海のプランクトンの一つとして潮の流れにのり、運良くいい場所に辿り着けたものは、そこで岩や砂や海藻にくっつき、そこで貝へと変態を始める。この時自分の身を守る防具である硬い貝殻を作り上げるのだ。どこにも辿り着けなかったものや、着底した場所が悪ければ、そこで死に絶える。

海の巻貝の9割は右巻きだが、淡水になると左巻きが多くなり、なぜそうなるのかはまだ分からない。硬い貝殻はじわじわと年輪を重ねるように大きくなる。硬い貝殻を持つことから忘れがちだが、貝は軟体動物だ。ウミウシのように貝殻を持たない貝の仲間から、イカやタコ、また田んぼにいるタニシ、陸地に上がったカタツムリやナメクジなど、軟体動物はいたるところに住んでいる。その種数は非常に多く、動物の中では昆虫の次にたくさんの種類がいると言われている。そんな柔らかい体から、なんのためにこんな硬い殻を作り出すかと言えば、敵から身を守るためだ。

そんな貝は硬い貝殻を持っているおかげで、化石にも残りやすい。だから貝は地球の歴史や環境を知る上で欠かせない存在であり、時には道具としても使われる。その上、私たち動物の大切な食料にもなっている。

COWRY

Cypraeidae spp.

※イラストはすべてハナマルユキ

タカラガイ［宝貝］

タカラガイ科

見つけやすさ ◆◇◇

別名：コヤスガイ
大きさ：2〜11㎝
分布：房総半島以南
主な生息域：潮間帯から水深30mの岩礁、サンゴ礁
貝殻を見つけられる場所：磯場、砂浜

昔はお金だった貝殻

「宝貝」と書くように、
宝物と同じ価値があるとされた貝殻。
まるで小さい陶磁器のように美しく光沢があり、
さまざまな色柄があるため、
多くのコレクターがもっとも拾いたがる貝殻だ。
珍しいタカラガイは今でも高い値段で売られている。

丸い陶器のようなツヤと質感

貝を収集する人にとって、タカラガイはもっとも人気が高い貝と言っても過言ではない。「タカラガイ」というのはタカラガイ科の総称。タカラガイの貝殻はいずれも丸みを帯びており、磁器のようなツヤと質感が特徴。浜辺で拾ったもので色柄が剥げてしまっているものはマットな手触りになり、釉薬をかける前の陶磁器のようで、茶碗の高台部分の手触りのようだ。色と柄の状態にもよるが、中には何万円もの値がつくタカラガイもある。よく拾えるのはハナマルユキやメダカラ、キイロダカラなど。キイロダカラはアフリカで何世紀もお金として使われていた。それくらいこの貝殻は丈夫ということ。また漢字の「貝」はタカラガイに由来するとも言われている。タカラガイは繁栄、生誕、富の象徴とされ、世界各地でお守りとして身につけてきた歴史を持つ。週末、時間があったら子どもと一緒に浜辺で宝探しをしてみたい。

拾ったそばからこのツヤ。子どもも大人も、大好きな貝殻の一つだ。旅先の色んな海で、タカラガイ探しをしてコレクションしてみよう

生きているタカラガイはウミウシのような見た目。身で貝殻を覆っている。メスは卵の上にのって孵化するまで守る。成長するにつれて殻の口を次第に狭くしていく

タカラガイの貝殻を拾ったら

コレクションにする

珍しい種類のタカラガイを拾ったらコレクションとして大切に保管しておこう。いつか高額で売れるかもしれない…と持っているだけで夢が膨らむ

ストラップにする

麻紐を編んで、結び目を縁から押し込めば接着剤などを使わずにアクセサリーを作ることができる

間違えやすい貝殻

【ナツメガイ】

ナツメの実に似ていることから名付けられた。丸い形や斑点が似ているが、裏返すとまったく違うと分かる

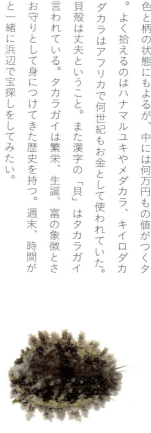

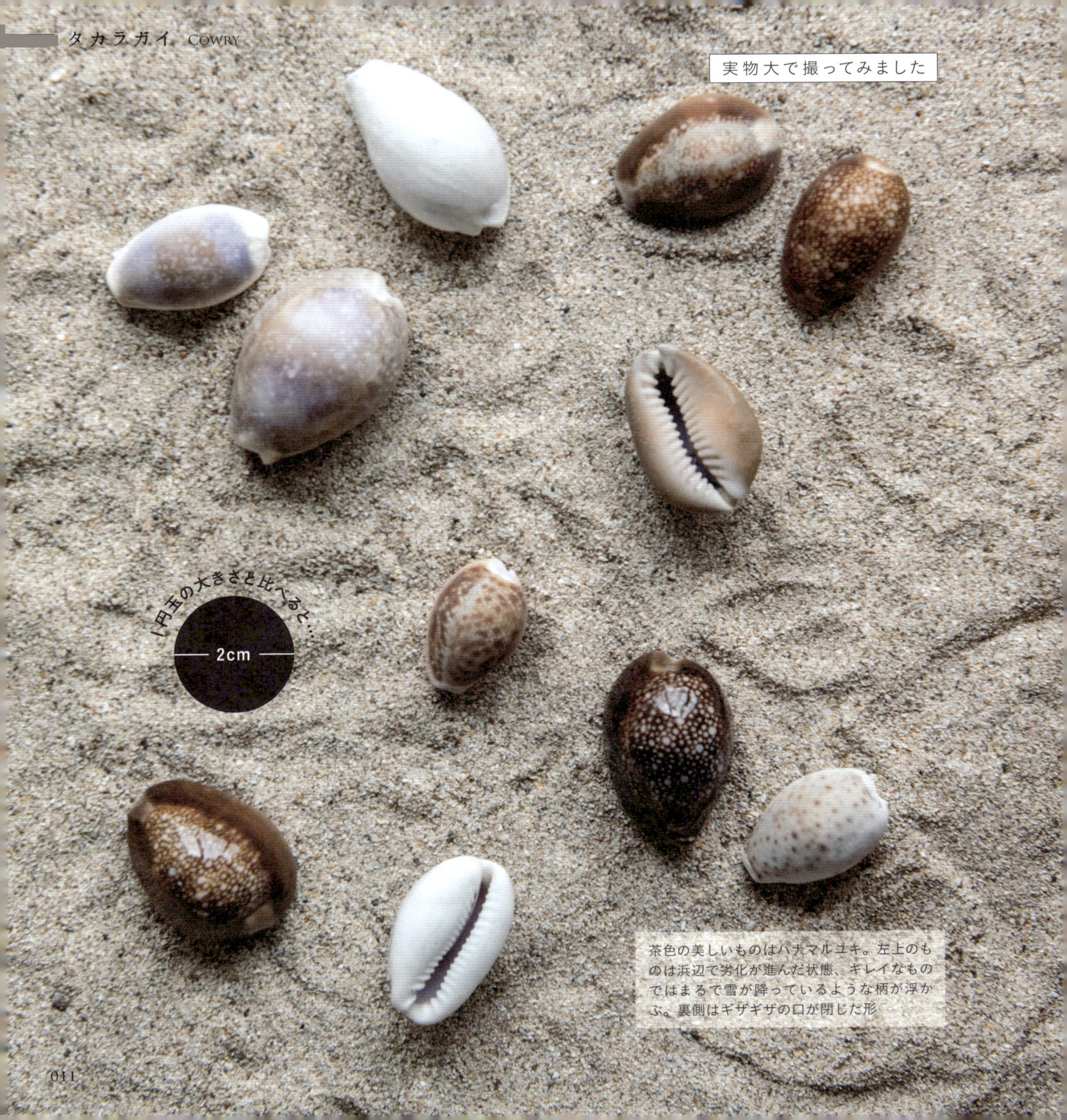

茶色の美しいものはハナマルユキ。左上のものは浜辺で劣化が進んだ状態、キレイなものではまるで雪が降っているような柄が浮かぶ。裏側はギザギザの口が閉じた形

もしかしたら珍しいタカラガイかも？ 拾ったタカラガイと見比べてみよう。

ここに載ってない種類もたくさんあるので、分からないものは博物館や水族館で聞いてみよう。

希少度 ★★

ハナマルユキ

［花丸雪］3cm

潮間帯の岩礁やサンゴ礁などに生息しており、比較的、拾いやすい。焦げ茶色の貝殻には、まるで雪のような白い模様がある。

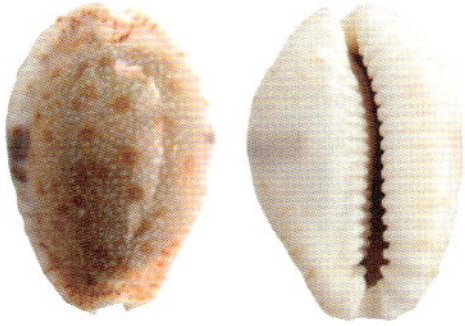

希少度 ★★

コモンダカラ

［小紋宝］3cm

明るい茶色に白い点々が散らばる。裏側は白く茶色の大きな点が現れる。潮間帯から20mの岩陰に生息する。

写真提供：鳥羽水族館

希少度 ★★

クチグロキヌタ

［口黒砧］4cm

全体的に黒っぽく、背中部分は茶褐色、淡い筋が入る。裏面は黒く、開口部の縁の部分がオレンジ色をしていることも。

希少度 ★★

カモンダカラ

［華紋宝］2cm

小さめで、丸みが強い。茶色地に白の点が散り、上下はやや紫を帯びる。他の種類では裏が白っぽいものが多いがこれは赤茶色。

希少度 ★

ハツユキダカラ

［初雪宝］4cm

ロマンチックな名前。膨らみが強く、少し大きめ。淡い茶色に白い斑点が散る。上下の縁から裏面は白く、口が他より少し開いている。

希少度 ★

オミナエシダカラ

［女郎花宝］3cm

やや平べったい卵形。白地に不明瞭な茶色の斑点が点在する。女郎花は秋の七草。黄色い花だが細かな不規則な点が似ている。

希少度 ★

メダカラ

［目宝］2cm

真ん中に大きな目玉のような模様があり、周囲はゴマフアザラシのような模様。裏側もうっすら灰色がかっている。浜辺でもよく拾える。

希少度 ★

チャイロキヌタ

［茶色砧］1.5cm

少し小さなタカラガイ。背中は褐色で、真ん中あたりに帯が入り、上下にはうっすらオレンジ色が入る。裏は白っぽい。

写真提供：鳥羽水族館

希少度 ★★★

オトメダカラ

［乙女宝］5cm

日本三名宝の一つ。淡い紅色の地色に茶色の模様がまばらに入る。裏面は白く、上下が細長い。

写真提供：鳥羽水族館

希少度 ★★★

ニッポンダカラ

［日本宝］6cm

日本三名宝の一つ。縁の方がオレンジっぽい茶色で、背中部分がまだらな茶色。裏面も少し茶色っぽい。

写真提供：鳥羽水族館

希少度 ★★★

テラマチダカラ

［寺町宝］7cm

日本三名宝の一つ。非常に大きく、希少性が高い。何十万という金額で取り引きされるほど数が少ない。上下の形が特徴的。

写真提供：鳥羽水族館

希少度 ★★★

ナンヨウダカラ

［南洋宝］9cm

卵の黄味のような鮮やかな山吹色で艶やか。上下の縁と裏は白。大きさが9cm前後と大きい。世界的に希少と言われている。

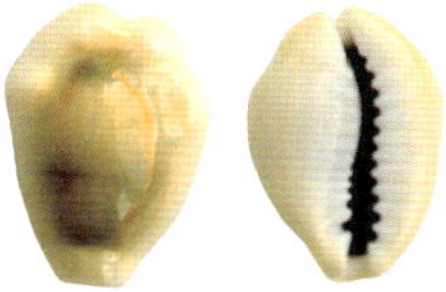

希少度 ★★

キイロダカラ

［黄色宝］2cm

形が少し他と異なる。中国、フィリピン、チベット、インド、ネパール、アフリカなどで昔は貨幣として使われていた。

希少度 ★★

ハナビラダカラ

［花弁宝］2cm

潮間帯の岩陰や凹みにいる。オレンジ色の縁が入り、その中がうっすら色づいている。裏面は少し灰色っぽい。

写真提供：鳥羽水族館

希少度 ★★

ハチジョウダカラ

［八丈宝］10cm

日本でとれるタカラガイの中では大きい。別名「子安貝（コヤスガイ）」といって出産の時に握らせるお守りでもあった。

写真提供：鳥羽水族館

希少度 ★★★

クロユリダカラ

［黒百合宝］4.5cm

殻の背中は黄褐色の地色で、白い斑点がランダムに散る。上下から裏には茶色の筋が入り、裏面は濃い茶色で個性的な柄だ。

Japanese Scallop

Pecten albicans

イタヤガイ

［板屋貝］

イタヤガイ科

見つけやすさ　◆◆◇

別名：ヒシャクガイ
大きさ：７㎝
分布：北海道南部～九州
主な生息域：水深10～１００ｍの砂底、砂泥底
貝殻を見つけられる場所：砂浜、漁港

よくホタテガイに間違えられる貝

この貝殻を見せると「あーこれ、知ってる！」と大抵の人が言う。でも正確に名前を言える人は少ない。ホタテガイの子どもでもなければ、真珠を育てるアコヤガイでもない。平らな貝で、まるで板の屋根のようだからイタヤガイ。生態には驚きのエピソードが多い。

なんと目が100個！敵が近づくと泳いで逃げる

イタヤガイはホタテガイの仲間。サイズはホタテガイより小さく、形状もよく見てみれば結構違う。扇形で殻の表には8〜10本程度のしっかりとした放射状の筋がある。ホタテガイはもっと筋が細かく多い。またホタテガイは裏表（本当は右左）にあまり違いがないのに対し、イタヤガイは表がふくらみ、裏は真っ平ら。幼貝は岩などに足糸で付着し、成貝になると自由に行動。大抵、砂浜の上にいるが人間にとっては裏に思える平らな方を上に向けており、敵が近づくとビュッと勢いよく水を噴射して逃げる。その方向も想像とは逆で、扇形の殻をうちわのように使うのではなく、開いた口から蝶番の方へ水を吹き出し、口方向へ進んで逃げる。また開いた口からは100ほどの目が飛び出し、明暗を感じる程度だが、周囲の様子を伺っている。砂浜でキレイなものを見つけられない時は漁港へ行ってみよう。海底をさらう底びき網によくかかるため、イタヤガイがもらえるかもしれない。

イタヤガイはまるで作り物のような筋と均一な形が特徴。丸みのある方は白く縁だけピンク色なのに対し、板状の平らなもう1枚は全体にピンクがかっている

光っている点が目。貝に目なんてあるの？と思うかもしれないが、目があるものも、ないものもいる。貝は人間の想像を越えた、自由な配置と構造を持った生き物だ

イタヤガイの貝殻を拾ったら

石膏ねんどで化石風オブジェを作る

イタヤガイの筋がしっかりしているところをいかして、化石のようなオブジェ作りをしてみよう。作り方は簡単で、ただ押し付けるだけ。あとは乾かせば完成だ

間違えやすい貝殻

【ツキヒガイ】

10cmほどの大きさで片側の貝殻は深紅、もう1枚は縁が黄色い白で、月と日（太陽）のようだ

【ヒオウギガイ】

イタヤガイとホタテガイの中間のような形で貝殻は2枚とも同じように膨らみ、色も同じ。ペンキで塗ったような色だ

実物大で撮ってみました

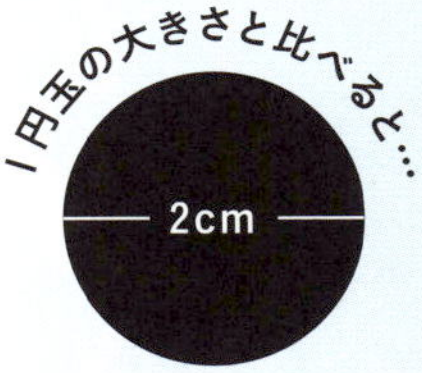

真ん中にあるのがイタヤガイ、まわりに並んでいる４枚はいずれもヒオウギガイ。いずれも日本国内で拾える。イタヤガイは白っぽく、蝶番の部分が左右対称。ヒオウギは色も派手で、蝶番の形も左右対称ではない

キンチャクガイ

【巾着貝】

イタヤガイ科

見つけやすさ ◆◇◇

別名：特になし
大きさ：4㎝
分布：能登半島、房総半島以南
主な生息域：水深50mより浅い砂底、砂礫底
貝殻を見つけられる場所：砂浜、干潟

STRONGLY STRIATED SCALLOP

Decatopecten striatus

イタヤガイを小さくしたような貝

写真だけみると、イタヤガイの小さな個体かと思うかもしれない。違いは筋が4～5程度と少なく、色柄もピンクと白のまだらから、黄色、白などさまざま。また輪郭がどことなく丸く、おでんに入っている巾着餅の形に似ている。太平洋側は房総半島、日本海側では能登半島以南から九州までで見られる。小さな子どもの手には、イタヤガイよりも親しみやすいかもしれない。

貝殻の筋は大きく3～5つ入り、その間に細かい筋が並ぶ。角が丸い

キンチャクガイの貝殻を拾ったら

髪飾りやブローチにする

3～4cm程度とちょうどいいサイズなので、髪を止めるピンの飾りやブローチなどにするのもいい

間違えやすい貝殻

【ナデシコガイ】

ヒオウギガイにも似た種類。小さい個体もあり、色がカラフルなものもある

Horned Turban

Turbo sazae

サザエ［栄螺］

サザエ科

見つけやすさ ◆◆◆

別名：サイズが小さいものは「姫サザエ」と呼ばれる
大きさ：8～12cm
分布：北海道南部～九州
主な生息域：潮間帯～水深20mの岩礁
貝殻を見つけられる場所：磯場、スーパーマーケット、バーベキュー場

日本人に、もっとも親しまれている貝殻

日本人が親しんでいる貝はたくさんあるけれど、サザエほど貝殻を思い浮かべられる貝はない。

それはサザエを食べる時、必ずと言っていいほど、殻ごと調理されるからだ。

その複雑な形は、案外、子どもに人気。

けれど、案外、浜辺に落ちているサザエの蓋を別の貝と間違える人もいる。

サザエには「角あり」と「角なし」がいる

サザエといえば角がシンボル。でも角がないサザエもいる。それは種類の違いや、オスメスの違いではなく、環境の違いだと言われている。波の荒い場所では角が大きく育ち、内湾の波が静かな場所では、まったく角がないサザエも。また姫サザエと呼ばれる小さなサザエにも角がないことがあり、角は年々育っていくものだということが分かる。でもその角の役割についてはよく分かっていない。見事な流線型の始まりは、一番てっぺん。サザエを食べる時に、奥から渦巻きのワタ（内臓）が出てくるが、そこが緑色ならメス、クリーム色や灰色ならオスだ。巻貝は数多くあるがサザエほど分厚い蓋を持つ貝も珍しい。普通、蓋の部分は紙のように薄く打ち上がらないが、サザエの場合は浜辺に蓋だけでも打ち上がる。その拾ったサザエの蓋を別の貝だと思っている場合も。食べた貝殻なら蓋とセットで持っておくとコレクションが一層楽しくなる。

どちらもほぼ同じサイズの角アリと角ナシのサザエ。角で海流に流されないようにしているなど諸説ある。角には穴が開いているが角はなくても生きていけるようだ

海の中のサザエ。海の中でサザエは他の巻貝同様、身を出して歩く。あの頑丈な蓋はドアのようだが、殻の方にではなく、身の方にくっついている

サザエの貝殻を拾ったら

波の音を聞く

静かな場所で耳にあてて見ると、波音のような不思議な音が聞こえる。いろんな貝を耳にあててみると、音の違いが楽しめる

デッサンのモチーフにする

サザエの貝殻を鉛筆でデッサンしてみよう。美術系の学校でもよくデッサンにサザエを使う。そのくらい複雑な形だ

間違えやすい貝殻

【ヤコウガイ】

沖縄などで見られるヤコウガイは、大きく育ったものは20cmを超える。蓋はサザエのように渦巻きではなく、すべすべで溝はない。螺鈿の材料としても使われる

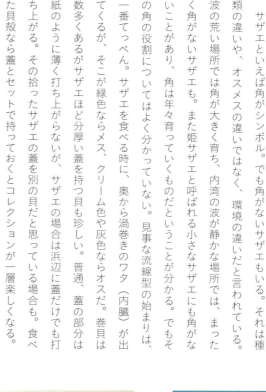

サザエ　HORNED TURBAN

実物大で撮ってみました

1円玉の大きさと比べると…

2cm

サザエの殻の内側は通常は白っぽいが、欠けたり、こすれた部分を見ると、下からキレイな真珠層が。アワビなどと同様に美しい輝きを隠し持っている

Button Top

Umbonium costatum

キサゴ［細螺］

ニシキウズ科

見つけやすさ　◆◆◆

別名：ナガラミ、ナガラメ、キシャゴ、シタダミ、ゼゼガイ
大きさ：2〜3㎝
分布：北海道南部〜九州
主な生息域：潮間帯〜水深10ｍの砂底
貝殻を見つけられる場所：砂浜

砂浜でよく拾う巻貝の一つ

子どもでも海水浴場などで簡単に拾える巻貝の代表格。
1日で10個、20個と見つかることも。
ポケットに入れて持ち帰っても邪魔にならない小さなサイズで、コロンと丸く可愛い。
よく見てみれば、剥げた部分から真珠層が見える。

誰を襲うでもない、おとなしい巻貝

海水浴場でこの貝殻を見つけて拾い上げると、中からヤドカリが出てくることがよくある。特別硬くて丈夫な貝殻ではないが、どこにでも頻繁に落ちているため、ヤドカリが住み着くことも多い。巻貝の利点は自由に動き回れること。そのため巻貝は肉食の種類が多く、他の貝やヒトデなどを食べてまわるものなどがいる。そんな中でいえば、このキサゴはいたっておとなしく、砂浜に集団で潜り、その周囲にある無数のチリ状の有機物を吸い取り、漉して食べている。巻貝でありながら数が勝負の弱者でもあるため、死んでしまう個体数も多く、貝殻がたくさん落ちている。貝殻は一見すると地味だが下には真珠層が隠れ、扱いやすいことから貝細工などに使われたりもする。非常に似た種類にダンベイキサゴがあるが、ほとんどの人はキサゴと区別せず、ナガラミとして食べたりする。違いは貝殻の模様を見れば分かる。

キサゴを正面から見たところ。規則正しい渦巻きで、色はこのような茶褐色が多く、まだらになっている。サイズは小さく1〜2cm 程度

キサゴを横から見たところ。それほど高さはなく扁平気味。蓋は薄い茶褐色のもの。食べると美味しいことから、食用としても知られ「ナガラミ」と呼ばれる

キサゴの貝殻を拾ったら

おはじきにして遊ぶ

キサゴは昔からおはじきとして使われてきた。たくさんキサゴの貝殻を拾ったら、昔ながらの遊びとして子どもと一緒に楽しんでみよう

間違えやすい貝殻

【ダンベイキサゴ】

キサゴよりも大型で殻表がなめらか。色はさまざまで模様が異なる。外洋の細砂底にすむ

【クルマガイ】

まるで車のタイヤのような貝殻。大きさは3〜6cm 程度。螺層は10階で密に巻いており、1本の溝と黒色の斑紋が連続して並ぶ

実物大で撮ってみました

写真の中の右側はすべてキサゴ。左の灰色っぽく大きめのものがダンベイキサゴ。比べてみれば、微妙に模様が異なるのが分かる

Japanese Littleneck Clam

Ruditapes philippinarum

アサリ［浅蜊］

マルスダレガイ科

見つけやすさ ◆◆◆

別名：イシガイ、チョッカイ、ハトガイ、ナミガイ
大きさ：3〜4㎝
分布：北海道〜九州
主な生息域：潮間帯〜水深10m程度の砂底、砂礫底
貝殻を見つけられる場所：砂浜、家庭の食卓

実は案外オシャレな柄

海辺でアサリの貝殻を見つけても、「なんだ、アサリか」と言われがち。でも、その柄をよくよく見てみれば、貝殻の中に不思議なアートが隠されている。アートな貝殻探しは結構、簡単。アサリの味噌汁の後は、キレイに洗ってよく見てほしい。大体1つくらいはいい柄が見つかるだろう。

いつも見ているからこそ、気付かないデザイン

アサリは身近な二枚貝。食べる機会も多いだけに、地味な印象のアサリの殻をとっておく人は少ないかもしれない。でもよく見てみればその模様は多種多様でデザイン性も高い。三角模様や編み目のようなものから、墨絵が描かれているように見えるものまでいる。人間の指紋同様、アサリの柄パターンはすべて違うのでは?と思われるが、その真相は分からない。誰もすべてのアサリを比較したことはないからだ。ただ少なくとも、スーパーや魚屋でアサリを一袋買っても、その中からまったく同じ柄は見つけられない。アサリは昔、浅瀬に漁るほど簡単にとれたことから名付けられたそうだが、近年はその名に反して漁獲量が激減している。干潟などの減少に加えて、アサリをエサとするナルトビエイが増えていることも原因ではないかと言われている。アサリは主に海中の小さな有機物やプランクトンを食べ、1個体当たり1日に10ℓも水をキレイにしてくれる。

アサリは管を２本出して息をしたり、水を濾過したりする。小さな穴が空いていたらアサリが潜っている可能性がある

貝殻は放射線状に筋が走る。アサリは短い方が進行方向。手前のは右が頭で、後ろのは左が頭。頭から砂に潜っているイメージだ

アサリの貝殻を拾ったら

とりあえず全部並べてみる

一皿買ったら、食べ終わったものをすべて並べてみるとなかなか面白い。アサリを食べるたびに、アートな貝殻を探して保管してみたい

間違えやすい貝殻

【バカガイ】

別名「アオヤギ」とも呼ばれる、これまたよく食べられる貝で、漢字でも「馬鹿貝」と書く、可哀想な名前。口を開けてベロが出ているように見えることからだそうだ

【ナミノコガイ】

アサリやシジミに似ている。大きさは2cmと小さく、アサリの赤ちゃんと思われることも。貝殻の裏側が紫色

アサリ JAPANESE LITTLENECK CLAM

実物大で撮ってみました

白く大きなものもアサリ。一口にアサリと言ってもいろいろな色や柄がある。どうしてこんなに模様に違いが出るかの理由は分からないが、柄がある方が波打ち際の砂地では見つかりにくい、迷彩柄のような役割なのかもしれない

Scaly Worm Shell

Thylacodes adamsii

オオヘビガイ［大蛇貝］

ムカデガイ科

見つけやすさ ◆◆◆

別名：マガリ
大きさ：5㎝
分布：北海道南部〜九州
主な生息域：潮間帯の岩礁
貝殻を見つけられる場所：磯場、岩場のある海水浴場

浜辺で見かける「何コレ？」の正体

子どもの方が「見たことある！」と覚えているかもしれない。

海水浴場や磯場などで時々拾うぐちゃぐにゃに曲がっている変な形の白いモノの正体がオオヘビガイの貝殻だ。

共通性があるのは太さだけで、形は千差万別だ。

右巻きで始まり、後は自由気ままに伸びる

巻貝の貝殻は大きさや色は違えど、形は大体同じ。その種類はDNAに組み込まれた形に育っていくようにできている。けれどオオヘビガイの場合は形に規則がない。右巻きだったり左巻きだったり、巻かずに伸びていたり、途中でねじれたり。何故ならオオヘビガイの殻は成り行き任せだからだ。昔、ヘビ花火をやったことがある人なら分かるかもしれない。火をつけると、にゅ〜と伸びて渦巻きになったり、反対側に崩れてみたり。オオヘビガイはそれを海の中でやっているようなものだ。岩に固着したら離れることができず、筒状で他の巻貝と同じように右巻きに伸びて行くが、岩の凸凹や、他の付着生物にぶつかったりして、伸びる方向が変えられてしまう。繁殖は夏。といっても動けない。オスが海に精子を放出し、別の岩にくっついているメスが粘液の糸を広げてそれを受け取り受精する。卵の袋は殻の内側に吊し、孵化したら放出。何だか色々とスゴすぎる…。

割とキレイに巻き上がった例。スタート地点は中心の小さな部分だ

生きているオオヘビガイの集団。大抵の場合は、各々離れた場所で岩に固着しているが、集団になることもある。食べると案外おいしいそうだが…

オオヘビガイの貝殻を拾ったら

標本に加える

クラフトにするなどは無理があるので、やはり集めた貝殻を並べて標本の1つにするのがいいだろう。キレイな貝殻ばかり集めるのもいいが、その中にオオヘビガイがあるだけで他がグッと際立ち、メリハリが出る

間違えやすい貝殻

【ミミズガイ】

海綿の中にすみ、大きさはオオヘビガイより小さいが、筒状でやはり不規則に巻く。筒幅は殻口の方ほど太くなる

オオヘビガイ SCALY WORM SHELL

実物大で撮ってみました

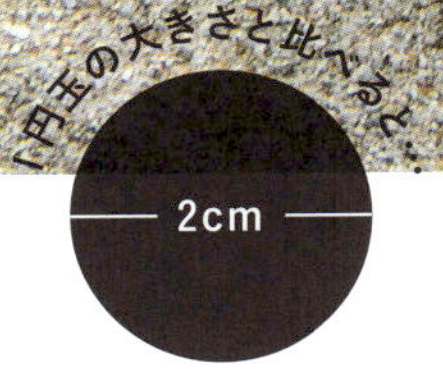

いずれもオオヘビガイの貝殻。色が異なるのは、新しいものほど色が黒く、年月が経つと波に洗われ白骨化した白い色になっていく

Lipped Periwrinkle

Monodonta confusa

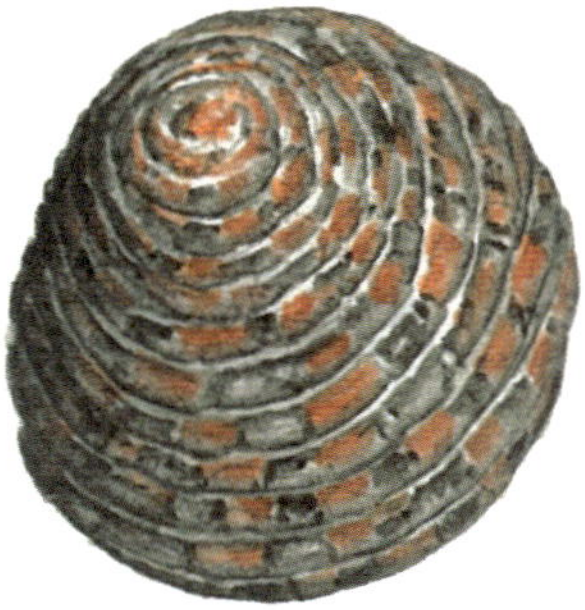

イシダタミ［石畳］

ニシキウズガイ科

見つけやすさ ◆◆◇

別名：シュウトメニナ
大きさ：2～3㎝
分布：北海道南部～九州
主な生息域：潮間帯の岩礁
貝殻を見つけられる場所：磯場

迷彩服のように、岩場に馴染む

貝殻の表面をよく見ると、まるで細かい石が整然と敷き詰められた石畳のようだ。一度見つければ、結構個性的な姿なのだが、岩場では、いい具合にカモフラージュできていてその姿を見つけ出すことがなかなかできない。

身近なのに、貝殻を持っている人は案外少ない？

イシダタミは磯場へ行けば、大抵どこにでもいる。砂浜以外なら内湾でも外洋でも汽水域でも棲む場所は広い。浅瀬の岩の下では集団で見つかることも。けれどそれは生体の話で、貝殻となると途端に拾う機会は少なくなる。貝殻そのものがしっかりした作りのためか割と重く、海底に沈んでしまって打ち上げられないことや、また打ち上がったとしても、その場所が磯なので岩に同化してしまうことから、あまり見つからない。貝殻は一見地味だが、クローズアップして見ると四角い石畳が交互に隙間なく敷き詰められ、黒の間に時々赤色や緑などが入ってきて、モザイクタイルのようだ。ジャングルの中での迷彩服同様、磯場では真っ黒よりも、かえって海藻のような赤や緑がちらついた方が姿を消せる。これに反して内側は白く、歯のような突起が1つあり、見れば見るほど、キレイな貝殻だ。殻が硬いせいか見つかる時は欠けてない状態で見つかることが多い。

裏返してみるとこんな感じ。奥の方に隠れて、ピッタリと蓋を閉じている。入口には欠けたような突起が1箇所あるのが特徴。ちなみに逃げ足は割と早い

岩場に隠れるイシタダミ。周辺の岩と同化しているためか、色の具合もさまざま。殻も硬いため、万が一見つかっても敵からも身を守りやすい

イシダタミの貝殻を拾ったら

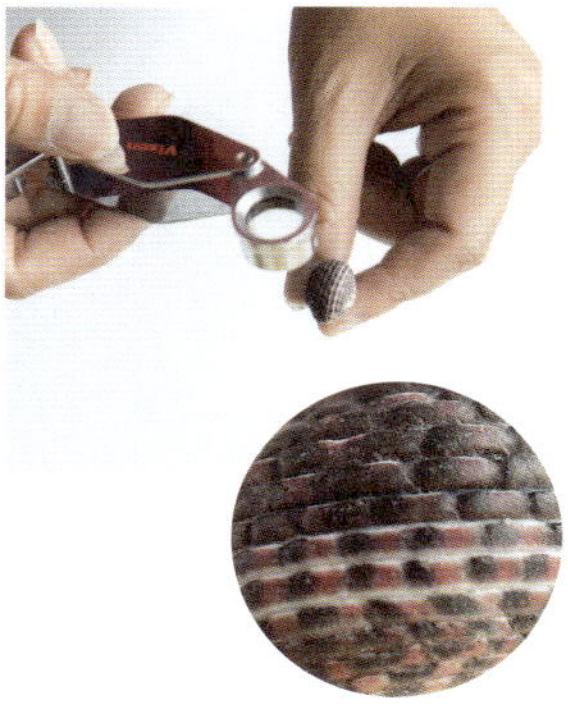

ルーペで拡大して見る

イシダタミの貝殻のデザインは、ぜひ拡大して観察してみてほしい。ルーペで見ると、本当に石畳のようで感動的だ。ルーペがなければ虫メガネでもOK

間違えやすい貝殻

出典 http://owlswoods.cocolog-nifty.com/blog/

【クボガイ】

食用にされる。その中によくイシダタミが混ざっているが、区別されずにそのまま食べられることもあるという

イシダタミ LIPPED PERIWRINKLE

実物大で撮ってみました

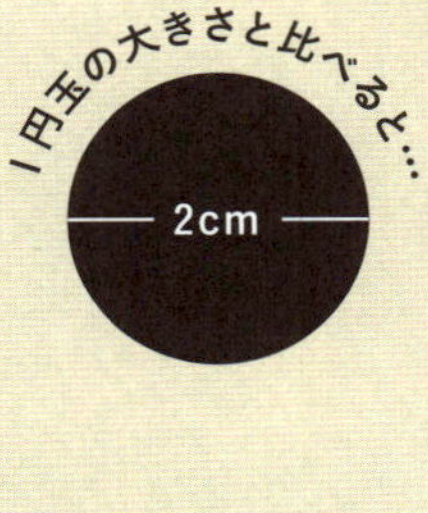

イシダタミを石と一緒に撮ってみた。形はどれも大体同じだが、色が少し異なる。左下の貝殻は割れたもの

Jingle Shell

Anomia chinensis

ナミマガシワ［波間柏］

ナミマガシワ科

見つけやすさ ◆◆◇

別名：ちんちろ貝
大きさ：4㎝
分布：北海道南部以南
主な生息域：潮下帯～水深20mの岩礫底
貝殻を見つけられる場所：磯場、岩場のある海水浴場

サテンのような貝殻が波間に揺れる

不規則に波打つ形で、
色は白やピンクやイエローの
光沢のあるパステルカラー。
しゃぼん玉のように光で色が変わってみる。
向こうが透けて見えるほどに薄くて軽く、
重ねるとシャラシャラと音がする。
名前も「波間柏」なんて、ちょっとロマンチックだ。

拾うのはいつも左側だけの二枚貝

ナミマガシワの貝殻の特徴は、この不規則な色と形。岩に張り付いて生活しているため、その岩の形に育ってこんな形になる。カサガイなどと同じように貝殻は1枚だけなのかと思いきや、実は二枚貝。身は小さなホタテのようだ。でも二枚貝なのにどうやって岩の形になるのかと言えば、岩にくっついている側の貝殻には穴が開いており、そこから足糸を出して岩に固着して一生場所を変えずに成長する。くっついている方の貝殻は非常にもろく、個体が死んだ時、そのままその岩に残るか、剥がれると波にもまれて粉々になる。だから拾う貝殻はいつも上側の方だけ。専門用語では左側の殻というのだから不思議だ。貝殻の表面はキラキラと光っている。これは構造の問題で、光の角度によって色が変化して見える。水中では案外、湖面の反射のようで目立たないのかもしれない。南の島を思わせる色味だが、案外、その辺の岩場で拾えたりする。

岩にくっついている裏側（右側）の貝殻はこんな形。これでも二枚貝。オブラートのように薄く、2枚揃っていることは稀で、まず拾えることはない

写真のようにとても薄く、半透明。光によって色が変わってみえる

ナミマガシワの貝殻を拾ったら

ウィンドチャイムにしてみる

ナミマガシワの薄さを生かして、数枚を紐でつなぎ、流木などと合わせてウィンドチャイムにしてみると独特な音が楽しめる。日本ではチンチロと聞こえるため「ちんちろ貝」とも呼ばれるが、英語で「Jingle shell（ジングルシェル）」というように、クリスマスの鈴の音のようにも聞こえる

間違えやすい貝殻

【チリボタン】

ナミマガシワに比べると分厚く丈夫で光ってはいない。ただ波で割れて不規則な形になっていることが多く、目立つ赤色なので子どもがよく拾う

ナミマガシワ JINGLE SHELL

写真はすべてナミマガシワだ。色も形もさまざまで、キレイなものから、フジツボがついてしまっているものまである

Bladder Moon Shell

Glossaulax didyma

ツメタガイ

［研螺貝］

タマガイ科

見つけやすさ ◆◆◆

別名：ウンネ、バンチョウ
大きさ：3～8㎝
分布：北海道南部以南
主な生息域：潮間帯～水深50mの砂底、砂泥底
貝殻を見つけられる場所：砂浜、干潟

海のカタツムリのような形

砂浜の海水浴場でよく拾える貝殻。
貝殻だけ見れば、クリーム色で渦巻きのカタツムリのような馴染み深い形で愛らしい。
でも生体となると、漁業関係者からは嫌われ者。
アサリやサクラガイなどを食べる肉食系で、その食べ方が、まるでホラーのようだ。

見た目は普通。でも実は結構スゴい！

浜辺で拾う貝殻に小さな2㎜程度の丸い穴がキレイにあいていることはないだろうか。「ネックレスにするのにちょうどいい場所に穴があいてる！」なんて喜んでいるその穴は、ツメタガイがその貝を食べた穴かもしれない。ツメタガイは大体3〜8㎝程度の大きさの巻貝。巻貝の特徴は「自分の足で自由に動き回れる」ことにあり、エサを求めて違う場所に移動することができる。そんな中でもツメタガイは足が特に大きく広がる。主食は二枚貝。足を風呂敷のように広げると、アサリくらいなら軽々と包み込んでしまう。するとその貝の殻頂部を平らに削っていき、そこへ尖った歯舌を刺し込み、中身を酸で溶かして食べるのだ。アサリを食害することから、漁業関係者には嫌われているが、繁殖力も強く数も多い。卵は砂浜に茶碗のような形で産む。日本の縄文期の貝塚遺跡からアカニシの次に多く出土したというデータもある。

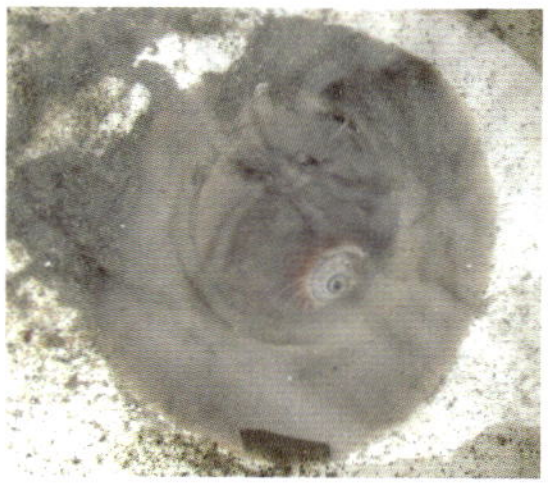

足を広げたツメタガイを真上から見たところ。自分の体よりもはるかに大きく、膜のように薄く広がり、それで貝を捕まえる。二枚貝などは逃げる暇もない

6〜9月頃に産卵。ツメタガイの卵塊はその形から「砂茶碗」と呼ばれる。本当に砂浜に誰かが陶芸でもしたのか？と思うほど立派な茶碗の形になっている

ツメタガイの貝殻を拾ったら

フォトフレームの飾りにする

ツメタガイはたくさん拾えるので、おしげなくクラフトの材料にできる。子どもが簡単に作れるのはフォトフレーム。100円ショップで買ったフォトフレームに好きな貝を木工ボンドでくっつけよう。

間違えやすい貝殻

【ウチヤマタマツバキ】

よく似ているが、拾う時に色がはげたものが多く、ツメタガイより白っぽくなっていることが多い

【ネズミガイ】

大きさは2〜3cmと小さく、ネズミがうずくまって丸まっているような形。まだらの筋が入る。また似た形のもので「ネコガイ」というものもある

実物大で撮ってみました

1円玉の大きさと比べると…

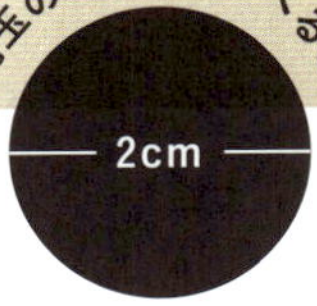

この写真に写っているのは、いずれもツメタガイ。色はオレンジがかった茶色とクリーム色で、見た目や色はほぼ変わらないが、大きさはさまざまだ

HALF-CRENATED ARK

Scapharca kagoshimensis

サルボウ ［猿頬］

フネガイ科

見つけやすさ ◆◆◇

女の子が大好きな貝殻

浜辺で拾うと嬉しい貝殻といえば普通は巻貝だが、これは例外。真っ白で美しい放射状の筋があり、クラフトに使う貝の王道。割れてないキレイなサルボウの貝殻を拾えたら、なかなか嬉しい。

別名：アカガイ、エテボウ
大きさ：４㎝
分布：東京湾以南
主な生息域：潮下帯〜水深20ｍの砂泥底
貝殻を見つけられる場所：干潟、河口、漁港、砂浜

イメージと違って、案外、泥だらけ

サルボウは南の島の、珊瑚礁がキレイな海の砂浜に転がっていそうなイメージがある。実際、100円ショップなどで売られているクラフト用の貝殻や、海辺のお土産屋のキャンドル、フォトフレームなどでよく見かけるせいかもしれない。けれど実際には砂浜というより、他の貝があまり住めないほど汚れた川の河口の泥の中などにいることが多い。「猿頬（さるぼお）」とは、辞書によれば「猿が食料を詰め込んでたくわえている頬の袋。また武具の一つで、鉄面の一種で頬とあごを覆い、顔を保護するもの。または汲み出し桶。サルボウのこと」とある。いくらなんでも種類がたくさんありすぎでは…とも思うが、案外、この貝の形を2枚合わせて横から見てみれば、猿の顔というのも分からなくもない。サルボウは貝としては珍しく、人間と同じく血液中にヘモグロビンを持っているのも特徴。ゆえに切ると真っ赤な血が出る。

泥に長らく浸かっている個体が多いせいか、生体の時はこのように貝殻にも泥がついている状態。海に流れて波にもまれるうちにキレイな貝殻になる

サルボウを横から見ると、その膨らみ具合がよく分かる。貝殻を海辺で拾う時は2枚揃っていることはほとんどなく、片側だけで見つかる

サルボウの貝殻を拾ったら

魚拓ならぬ
「貝拓」をとってみる

貝殻にインクをつけて紙や布に押し付けてみると、オシャレなデザインができあがる。写真はエコバックに洗濯しても落ちないインクで押したもの。また2つあったら手にもって楽器のギロのように「ジージコ、ジージコ」とリズムを奏でて演奏に参加するのも面白い

間違えやすい貝殻

【アカガイ】【サトウガイ】

鮨ネタで有名なアカガイ。サルボウをアカガイと言って売っている場合もあるほどよく似ている。サルボウよりもサイズが大きく10cmほどになる。サトウガイも非常によく似ており、ぱっと見では判断できない。違いは殻の線の数。サルボウは32本前後なのに対して、サトウガイは38本前後、アカガイは42本前後というのが目安。写真はアカガイ

サルボウ Half-crenated Ark

実物大で撮ってみました

1円玉の大きさと比べると…
2cm

サルボウまたはサトウガイ。浜辺で拾った
場合は筋が薄くなっており、判別が困難

ARARE-GAI

Nassarius conoidalis

アラレガイ［霰貝］

ムシロガイ科

見つけやすさ ◆◆◇

別名：海の掃除屋
大きさ：2㎝
分布：房総半島以南
主な生息域：水深10～100mの砂底
貝殻を見つけられる場所：砂浜

肉厚でコロコロしていて小粒

浜辺に落ちていたら、
誰かがおやつを袋から落としたのか、と思うほど、
こんがり焼けたアラレのような、美味しそうな見た目。
小さくても、存在感があるため、
子どもが拾ってくる貝の中にもあるかもしれない。
でもその可愛い見た目に反して、
生体は集団で死肉にむらがって食べる
海の掃除屋さんだ。

小さな貝だからと言って、あなどれない

この貝殻は一言で言えば、小さいのに立派。粒が1つ1つ立ち上がり、細かな部分まで粒がキレイに並ぶ。色は白から茶色。微妙にムラがあるため、何だか焼きムラのようでおいしそうに見える。生体は腐敗した死肉を食べ、海底をキレイにする役割を担っている。でも様子を見ることはなかなかできない。何故なら生息域は水深10m以上もの深い海の砂地で、素潜りではゆっくり見られない深さだからだ。またあまり広く知られていないが、フグと同じ毒であるテトロドトキシンと、麻痺性貝毒を併せ持つ。日本では中毒例はないが、台湾では1個体で350MU（1個で350匹のネズミが死に至る）の強力な毒を持つ個体がいたと報告されている。見た目に反して、怖いイメージばかりのアラレガイに、わざわざ寄生する風変わりなマキガイイソギンチャクという生物もいる。小さなイソギンチャクを乗せた小さなアラレガイが海底で歩いている姿を想像したら、何だかおかしい。

体の大きさに対して口の部分が大きい。粒のラインはキレイに揃い、割れていることも少ない。小さいサイズの割に目にとまるのはそのせいだ

拡大して上から見た渦巻きはなかなかキレイ。左右対称で整っている。上から見るとまったく別の貝のようだ

アラレガイの貝殻を拾ったら

キャンドル作りの飾りにする

アラレガイは小さくても、存在感があるところを利用して、クラフトのパーツにしたい。例えばグラスに砂を入れ、その上にアラレガイなどの小さな貝殻を並べ、タコ糸を入れて、100円ショップで売っている液体キャンドルを流せばオリジナルキャンドルの完成だ

間違えやすい貝殻

【ムシロガイ】

とても似ている。大きさもほぼ同じで色が濃い。竹やワラなどを編んだ敷物のことを「むしろ」というが、そのように見えることからこの名が付いたという

アラレガイ ARARE-GAI

実物大で撮ってみました

1円玉の大きさと比べると…

2cm

本当のアラレと一緒に並べてみたら…
やっぱりそんなに違和感はない

Blue Mussel

Mytilus galloprovincialis

ムラサキイガイ ［紫貽貝］

イガイ科

見つけやすさ ◆◆◆

別名：ムール貝、カラスガイ、ムラサキガイ（P59参照）
大きさ：5㎝
分布：北海道〜九州
主な生息域：潮間帯〜水深20mの岩礁、内湾
貝殻を見つけられる場所：漁港、磯場、レストラン

近年、日本で増えている ハイパーな外来種

オシャレなレストランでよく見かけるムール貝の和名が、このムラサキイガイ。「紫だけど、紫以外」と覚えると覚えやすい。食べればおいしいが、実は船底などにくっついてきて日本各地で増殖中の厄介な外来種。貝殻もイマイチ可愛げがなく、あまり持ち帰りたいとは思わない貝殻だ。

世界の侵略的外来種ワースト100の一つ

海は一つ。だから外来種と言っても、植物や昆虫などとは異なり、貝はあまりデリケートに「固有種を守ろう」とは言われない。でもこのムラサキイガイは例外的にマークされている要注意の外来種だ。集団で隙間のないほどに増えてしまうためだ。例えばカキの養殖地では、カキに代わってこのムラサキイガイが住み着いてしまい、カキを台無しにしてしまうことがある。またしばらく船を動かさないとプロペラ周辺にこびりついて故障の原因になることも。食用になるが、日本ではまだカキほど使われることは少ない。ムラサキイガイが世界中で増殖している理由は、繁殖力の強さだ。まず、あまり水質を選ばない。加えてカキ同様、受精後わずか20時間程度で自由遊泳のできる幼生になり、48時間で貝の形になる。カキと同じように足で岩などにくっついて大きくなる性質があるが、カキなどは一度固着した場所から離れられないのに対して、ムラサキイガイは何度でも移動できる。

貝殻にたくさんついている糸のようなものは、海藻ではなく、ムラサキイガイの足糸。これでまずは岩にくっつく。そこが干上がったりすれば移動もできる

岸壁や船底、防波堤、船着き場など、いたる場所で大繁殖中。写真のようにビッシリと生えるように増えていく

ムラサキイガイの貝殻を拾ったら

トングのように何かを挟んでみる

レストランなどで食べ終わった2枚揃った貝殻をトングのように使って、外で使ってみよう。例えば何か落ちているもので、触りたくないものをそれで拾い上げたり、水たまりに落ちた虫をすくったり

間違えやすい貝殻

【ムラサキガイ】
【カラスガイ】

ムラサキイガイは「ムラサキガイ」「カラスガイ」と呼ばれることも多いが、実際にはその名前の別種がいるので注意したい。写真上がムラサキガイ、下がカラスガイ（淡水にいる）

【ミドリイガイ】

写真は左ページに掲載あり

ムラサキイガイ BLUE MUSSEL

右側の方がムラサキイガイ、左側の緑っぽいのがミドリイガイ。茶色っぽいのはヒバリガイだと思われる

VIOLET SNAIL

Janthina globosa

ルリガイ［瑠璃貝］

アサガオガイ科

見つけやすさ ◆◇◇

別名：さすらいの旅人
大きさ：4㎝
分布：全世界の暖流域
主な生息域：海面を漂う
貝殻を見つけられる場所：砂浜

美しい瑠璃色の毒クラゲハンター

貝は海の中に無数にいて、
まるで食物連鎖の下位にいるように思えるが、
ただ魚や人間に食べられるだけの弱い存在ではない。
貝は時に捕食者だ。
特にこのルリガイは猛毒を持つ
クラゲを襲って食べる。
貝らしからぬ妖しい魅惑の色をしている。

出典 http://owlswoods.cocolog-nifty.com/blog/

海の猛毒生物として知られるクラゲを食べる貝

カツオノエボシやギンカクラゲは、真っ青なビニール袋のような不思議なクラゲ。宇宙からの侵略者のような見た目で、これらは触れると危険な猛毒生物だ。けれどそんな猛毒生物を平気で襲って食べるのが、このルリガイ。わずか4㎝程度の体で、口もあるのかないのか分からないような見た目だが、泡を吹いていかだのようにしてプカプカと海面に浮いている。泳ぐのではなく、風まかせで浮いて流されているだけだが、だからこそ同様に浮いて海を漂う毒クラゲたちと同じ場所に辿り着くことができるというわけだ。アサガオガイ科の貝はいずれも浮遊性で、海の上を浮かんで移動するという貝らしからぬ行動をとる。潮の流れに乗っているため、海岸に打ち上げられる時は大量に見つかり、ない場所にはまったく見当たらない。貝殻は敵から身を守る防具として硬く丈夫なものが多いが、ルリガイは浮かぶために貝殻は極薄で割れやすい。

海面に浮かんでいるルリガイを下から撮影したところ。軟体生物は陸に上がったカタツムリから、イカやタコまでその進化の仕方は多様性に満ちている

これがギンカクラゲ。毒を持ち、円盤型で、浜辺に流れつくことも。これをルリガイは食べる

ルリガイの貝殻を拾ったら

ハーバリウムにしてみる

ルリガイは毒クラゲを食べているが、貝殻などは触っても大丈夫。殻が非常に壊れやすく、口の部分がとくに破れやすい。感覚としてはまるで紙ふうせんくらいの軽さと脆さ。瓶に入れて、植物のようにハーバリウムにしてみるといい。やはり貝殻は浮ぶ。ハーバリウム液や瓶は100円ショップにも売っている

間違えやすい貝殻

【アサガオガイ】

ほぼ同じ見た目でルリガイ同様に浮遊生活を送る。違いとしては上部の渦巻きの部分の色がルリガイは色が濃くなるのに対し、アサガオガイの方は白っぽい

ルリガイ VIOLET SNAIL

実物大で撮ってみました

瑠璃色とは本来、宝石のラピスラズリの濃い青色のため、ルリガイはどちらかといえばもっと淡く、グラデーションもあり、朝顔やアジサイのような色。上2つはルリガイ、下はアサガオガイ。神秘的な色だ

YOMEGAKASA LIMPET

Cellana toreuma

ヨメガカサ［嫁が笠］

ヨメガカサガイ科

見つけやすさ ◆◆◇

別名：ヨメノサラ
大きさ：4〜6㎝
分布：北海道南部以南
主な生息域：潮間帯の岩礁
貝殻を見つけられる場所：磯場

数は多いが、地味で目立たず拾われない

結構数がいて、覚えやすい名前の割に、模様があやふやなためイマイチ知られていない。地味で小さなこの貝殻を、嫁の皿に見立ててあまりご飯を食べさせないように、と嫁いびりの習慣から名付けられたという。ちょっと不憫な貝だ。

海でよく見かける笠貝の一つ

ヨメガカサの別名は「嫁の皿」。この数cmしかない貝殻を皿に例えるのは無理があるが、もしこれが皿だとしたら浅くてあまり中身も入らず、食卓にも置けず、手で持つほかないだろう。ところがヨメガカサ自体は岩に付着した餌を歯舌で削り取りながら一日に10m以上も移動しながら食べまわる大食漢として知られるから皮肉だ。見た目は皿というよりは、昔話の「かさじぞう」に出てくるような笠の形。「姫」と名のつくもの同様、カサガイの中では小さいサイズだから「嫁」とつけられたのだと思いたい。ちなみに嫁という名があれば夫もいそうだが、オットガカサという貝はいない。ヨメガカサは産卵期が初夏から冬までと長く、しかも数回に渡って卵を産むため、カサガイの中でも数が多い。卵を見れば岩場で干からびたそれを見たことがある人もいるだろう。笠の部分は背中にくっついているが、殻から身を乗り出すことはほぼない。

不規則な筋があり、模様は個体差が激しい。岩場にくっつきながら移動し、海藻類を食べる。海辺に住む人の中にはこれをとって味噌汁に入れる人もいるそうだ

渦巻きになったこれは、カサガイ類の卵。波がかかる潮間帯の岩場に産みつけるため、磯遊びをする人なら見かけたことがあるかもしれない

ヨメガカサの貝殻を拾ったら

スタッキングして置いておく

貝殻の標本は大抵、木箱などのケースにしまうが、あまりに数が増えてくると管理も大変。ヨメガカサやマツバガイを大きな順番にスタッキングして置いておくと場所をとらず便利

間違えやすい貝殻

出典 http://owlswoods.cocolog-nifty.com/blog/

【ベッコウガサ】

大きさも模様もヨメガカサとほぼ同じで見分けにくい。あえていうならヨメガカサよりも少し模様がまだら気味の個体が多い

【マツバガイ】

漢字で「松葉貝」と書くように、まるで松葉が広がったような細かい放射線が特徴。ヨメガカサよりも少し大きく、薄ら青みを帯びている

実物大で撮ってみました

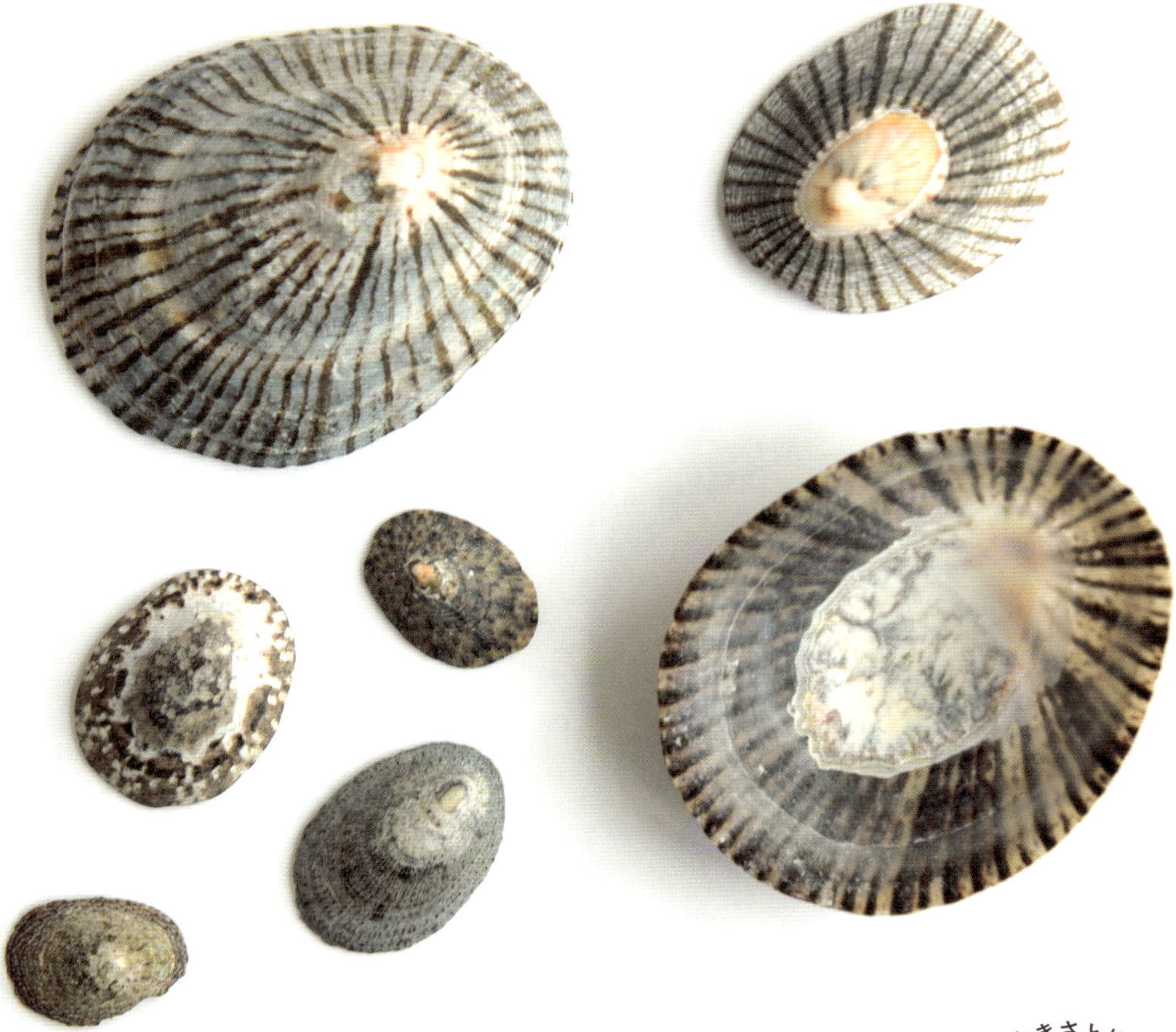

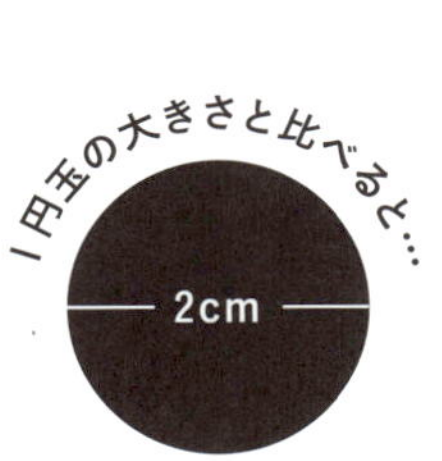

上の大きなサイズの3つはマツバガイ。模様が不明瞭な小さなものたちはヨメガカサかベッコウガサなどだが、摩耗していて判断がつきにくい

CONE SHELL

Conidae spp.

※イラストはすべてベッコウイモ

イモガイ【芋貝】

イモガイ科

見つけやすさ ◆◆◇

別名：ミナシガイ
大きさ：2〜20㎝
分布：世界中の暖流域、熱帯域のサンゴ礁
主な生息域：潮間帯〜深海の砂底、砂泥底
貝殻を見つけられる場所：岩礁、サンゴ礁

コロンとした形が可愛い、人気の貝殻

イモガイの種類は世界で５００種類もあって、
色や柄もさまざま。
共通するのは、イモ型と呼ばれるこの三角の円錐。
ネーミングも子どもでも覚えやすく、
一目見れば、集めたくなる。
けれど中身が入っている場合はご用心。
稀に毒の銛を打ってくることがある。

使い捨ての毒の銛（もり）を持っているものもいる

キレイな貝殻がほしい場合、どこかで買うか、または生きた生体を捕まえて中身を取り出す他ない。けれど後者のやり方は少なくてもイモガイではおすすめしない。何故ならイモガイの一部は毒を持ち、刺すからだ。「イモガイ」とは、イモガイ科の総称。イモガイは大きく3つの種類に分けられる。1つ目はゴカイなど虫を食べるもの、2つ目は貝を食べるもの、3つ目が魚を食べるもの。要注意なのがこの魚を食べるタイプのイモガイだ。毒性を持つ貝は他にも多々あるが、どれだけ強力な毒を持とうとも基本的には食べなければ問題ない。けれど魚を食べるイモガイの場合、歯舌を特殊に発達させた毒銛を体内に持つ。岩陰でじっと待ち伏せし、近づいた魚に銛を発射。動かなくなったところを大きな口を開けて丸のみしてしまう。その武器はピンチの時にも使う。海底でダイバーがイモガイを拾い上げた途端、網の隙間から銛を打ち、ウエットスーツも貫通させることもあるのだ。

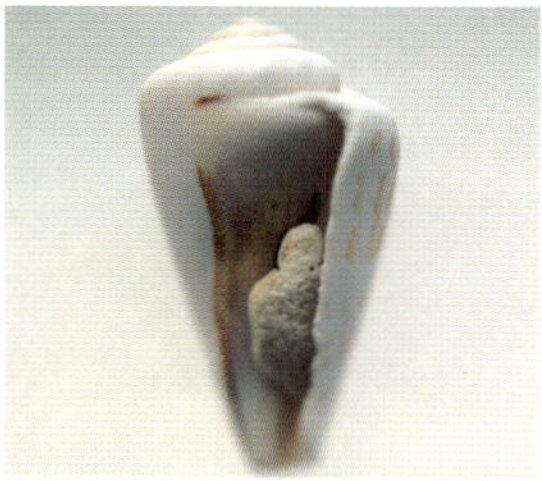

イモガイは潮間帯から深海まで棲んでいる。浜辺に打ち上げられた貝殻を拾う頃には、表面の色柄は摩耗して、大抵の場合が白っぽい。このように小石が挟まっていることが多い

特に要注意なのはアンボイナガイ。刺された3人に1人が死んでいる。他のイモガイに比べると山の部分の高さが低く、王冠のようにギザギザしていることと、この模様が特徴

イモガイの貝殻を見つけたら

箸置きにしてみる

砂浜に打ち上がっているものは基本的に大丈夫だが、海中にあるものは要注意。拾わないようにしよう。どうしても拾いたいなら、離れた場所から棒などでつついて、ひっくり返してみよう。身が見えなければ大丈夫。柄がキレイなものはコレクションに。キレイに洗ってニスなどを塗り、少し変わった箸置きにする手もある

間違えやすい貝殻

【マガキガイ】

形はイモガイに似ているが、科が異なるまったく別の種類。肉食ではなく、苔や海藻などを食べているおとなしい貝。目玉が飛び出し、口を伸ばして海底のゴミを食べる

実物大で撮ってみました

紫色の柄がハッキリしているのは一般的によく拾えるベッコウイモ。他の貝殻は表面が削れていて、あまり種類が分からないが、死んで浜辺に打ち上げられた貝殻はこの状態が多い。色柄がハッキリしたものやまだ海中にあるものは生きている可能性がある

1円玉の大きさと比べると…

2cm

Abalone

Haliotis spp.

アワビ［鮑］

ミミガイ科

見つけやすさ ◆◆◆

別名：海の怠け者
大きさ：5〜25㎝
分布：北海道南部以南
主な生息域：潮間帯〜水深20mの岩礁
貝殻を見つけられる場所：磯場、旅館

実はこう見えて巻貝

アワビの貝殻は1枚。岩に張り付き、
じわじわと動く。
アワビはこう見えても、実は巻貝の仲間。
よーく見てみれば、小さく渦巻きの部分があり、
そこからじわじわと大きくなっていった。
表は岩のように地味でも、
裏返せば、一転してオーロラ色に輝く。

お守りや飾りに使われてきた貝

「アワビ」は総称。一般的に「アワビ」と言うのは、クロアワビのことを指す。贈答品につける「熨斗」は、クロアワビを薄くヒモ状にして干した物を神事に供えた「のしあわび」からきているという。昼間は岩影に隠れてあまり動かないアワビは「海の怠け者」と呼ばれているが、実は夜にはエサを探し求めて案外素早く、遠くまで動く。また「妊婦さんがアワビを食べると目がキレイな子が産まれてくる」という言い伝えもあるが、これは目の網膜を作るのに必要な栄養素のタウリンが豊富に含まれているからという説も。貝殻は螺鈿細工やアクセサリーにも使われるほどキレイ。ハワイやニュージーランドでは精霊が宿る神聖な貝と云われ、身に着けていると災難から身を守ってくれると信じられている。海辺で偶然みつけることは難しくても、海辺の旅館などでアワビを食べた後は、思い切って「その貝殻もらえますか？」と言ってみては？

クロアワビ以外には、メガイアワビ、マダカアワビ、エゾアワビなど。アワビは延命長寿、発展を表す縁起物。写真はエゾアワビ

穴から排泄や呼吸などを行う。貝殻の内側は孔雀色で、金属のようにも見える。アワビの殻は非常に硬く、ハンマーで叩いても割れないほどだ

アワビの貝殻を拾ったら

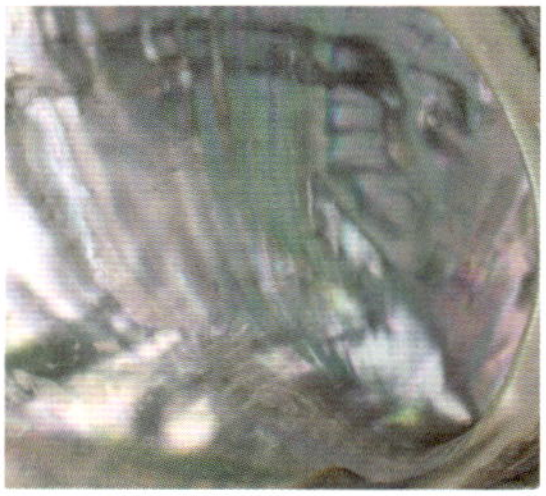

磨いてピカピカにする

そのままでも充分に美しいが、宝石のようにピカピカになるまで紙やすりで磨いてみたい。ただしくれぐれも手を切ったりしないように、手袋などをしてやってみて

間違えやすい貝殻

【トコブシ】

トコブシとアワビの違いは、大きさではなく、殻に開いている穴の数。トコブシは6〜8個あり、アワビは3、4個程度開いている。アワビだと思って食べていたものが実はトコブシだったなんてことも

アワビ ABALONE

実物大で撮ってみました

写真はトコブシやアワビの仲間。表面は岩のようにゴツゴツして硬く、たまにフジツボなどがついている時もある

1円玉の大きさと比べると…

2cm

SPINDLE SNAIL

Fusinus perplexus

ナガニシ［長螺］

イトマキボラ科

見つけやすさ ◆◇◇

別名：夜泣き貝
大きさ：13㎝
分布：北海道南部～九州
主な生息域：水深10～50mの砂底
貝殻を見つけられる場所：砂浜

沖縄まで行かなくても拾える

憧れの長細くて大きな巻貝。
本土では南国のような立派な貝殻を
浜辺で拾うことは難しい。
でも、このナガニシなら拾えるチャンスはある。
これを食べる地方なら、
漁港などでもらえる場合も。

「夜泣き貝」と呼ばれるワケ

別名「夜泣き貝」。貝が泣くの?と思いきや、名前の由来は、夜泣きの薬という説や、赤ん坊の夜泣きが激しい時に、この貝を枕元に置いたりしたなど。同じ名前で呼ばれる別種の貝（キセルガイ）などもある。いずれも夜泣きに効くという根拠はなく、困り果てた親が、身近にあったちょっと不思議な形のものをまじないのように使ったのかもしれない。殻は大きく長さは10cmを超える。渦巻きの先端とカーブの角が尖っていて非常に硬く、ヘタに扱うとケガをする。食用にすることもあるが、他の巻貝のように楊枝で中身を取り出すことは難しく、ハンマーで叩き割って中身を出すというワイルドな食べ方となる。貝殻の色は薄茶色だが、生体の時はビロード状の殻皮で全体が覆われている。また体は真っ赤。卵は昆虫のグンバイにも似た形で袋状のため「グンバイホオズキ」（似た種のテングニシの卵は「ウミホオズキ」）と呼ばれている。

キレイな砂浜というよりは、泥っぽい砂地の潮間帯から水深100mほどの間にいる。生体を見かけることは稀で、台風の後などに殻が打ち上がる

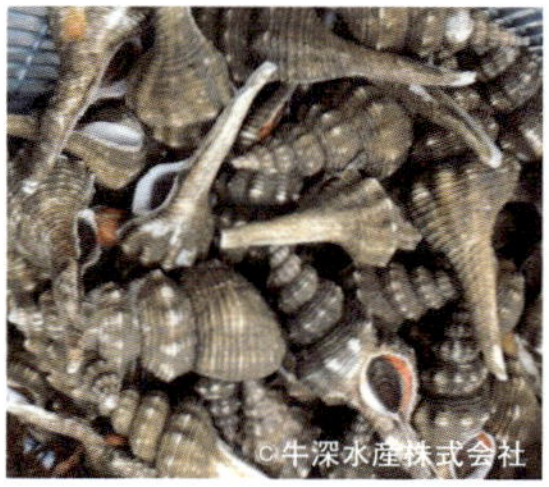

広島や熊本などではよく食用としてナガニシが食べられるそうだ。写真はまだビロード状の皮がついた状態で、食用として売られるところ

ナガニシの貝殻を拾ったら

ペーパーウェイトにしてみる

宿題のプリントや、手紙を書く時、机の上に置いておいたナガニシをさりげなくペーパーウウェイトにしたら…カッコイイ。もしくは箱に入れて標本として大切に保管しよう

間違えやすい貝殻

【テングニシ】

テングニシも15cmほどと大きく、貝殻が拾えると嬉しい。形はナガニシとは明確に異なるが、卵の形や産み方、また赤い身など何かと似ている点が多い

実物大で撮ってみました

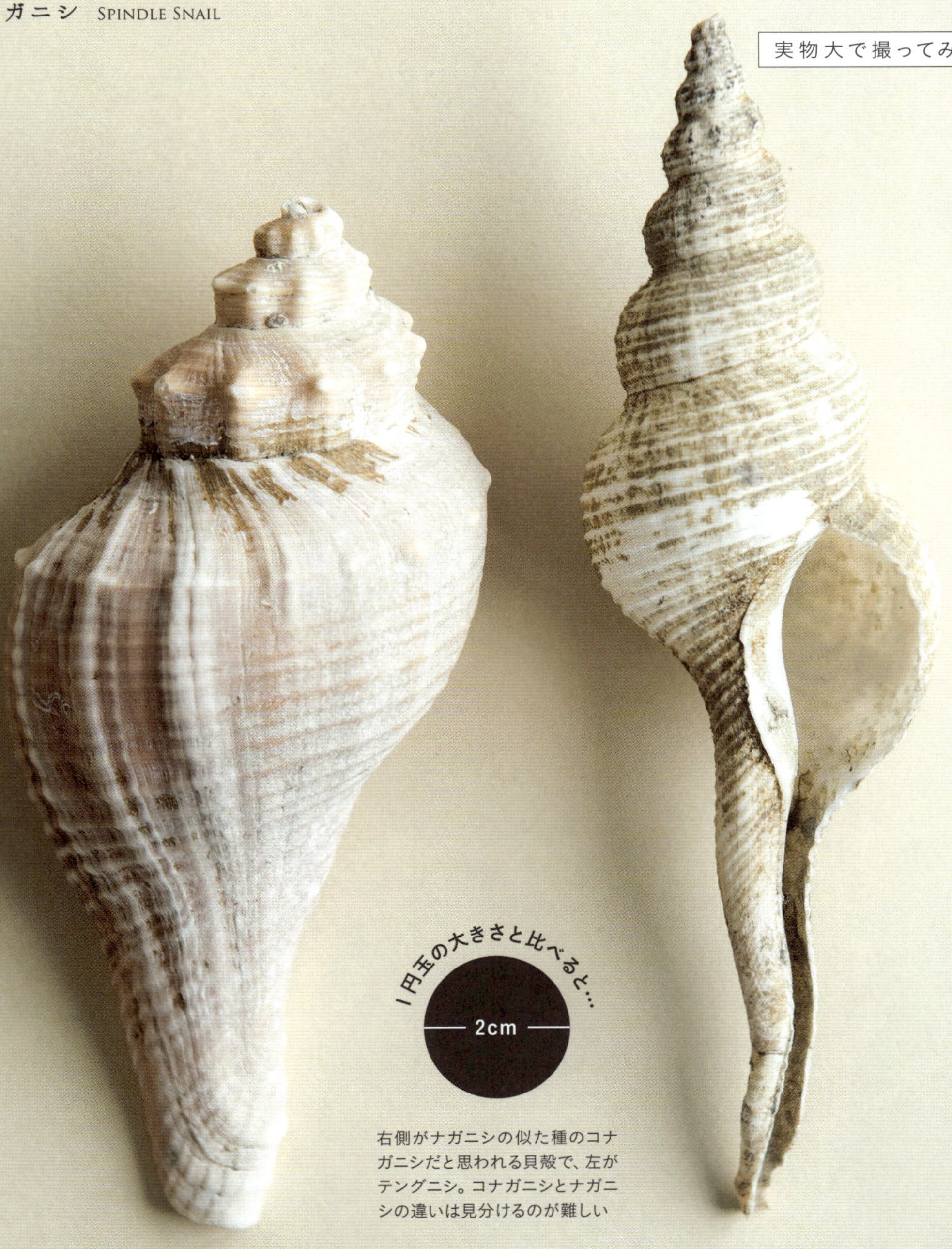

右側がナガニシの似た種のコナガニシだと思われる貝殻で、左がテングニシ。コナガニシとナガニシの違いは見分けるのが難しい

Sakura-gai

Nitidotellina hokkaidoensis

サクラガイ［桜貝］

ニッコウガイ科

見つけやすさ ◆◇◇

別名：ハナガイ
大きさ：1.5〜2㎝
分布：北海道南西部以南
主な生息域：潮間帯〜水深10mの砂底
貝殻を見つけられる場所：砂浜、お土産屋さん

幸運を呼ぶ、可愛らしい貝

二枚貝の中では圧倒的な人気を誇る。
砂浜に散った桜の花びらのようで、
小さく、儚い感じも日本人好み。
もし運良く拾ったら、
割れやすいので瓶などに入れて保管しよう。

二枚貝のアイドル的存在

淡く美しい花びらのようなサクラガイは、幸運を呼ぶアイテムとして女性に人気。多くの人はピンクの薄い貝はすべてまとめてサクラガイとして覚えているが、実は似た仲間も案外多く、モモノハナガイ、ウズザクラ、カバザクラ、ベニガイ、オオモモノハナガイなどがある。その中でもサクラガイは非常に薄く壊れやすく、最近では貝殻を砂浜で拾うのも困難に。特に内湾は埋め立てなどのせいで、水質が悪くなり、以前はよく見られたエリアでも徐々に姿を消しはじめているという。サクラガイはアサリ同様、砂の中に潜ると、水管を使って沈殿した生物の死骸のクズや欠片などを食べているが、意外なのはその管の長さだ。自分の体よりもずっと長い管をニョロっと出している姿には結構驚く。例えるなら大和撫子な風貌の着物を着た美人のお姉さんが、大盛りの豚骨ラーメンをすごい勢いですすっているような、そんなギャップがある。

このような砂浜で拾える。内湾では減っているが、日本海側の砂浜などではまだたくさん拾えるエリアも。踏まれると割れるため、人が踏まないエリアを探そう

肌色から桃色に移るグラデーションは見る者を魅了するベビーカラー。お土産やアクセサリーなども人気だ。拾う時は壊れないようそっと持ち上げて

サクラガイの貝殻を拾ったら

ネックレスを作る

サクラガイを1枚だけ拾った場合は幸運を呼ぶお守りのネックレスなどにしてみて。そのままだとすぐ割れてしまうほど弱いのでUVレジンなどで保護をするのがベター。また運良く穴が開いていればそれを生かしてチェーンを通しても

間違えやすい貝殻

【ベニガイ】

大きさが5cmほどになる。ここまで大きくなるサクラガイはないので大きさの違いが目安。また片側が尖っているのが特徴。煮るとその色が溶け出るという

実物大で撮ってみました

色に多少ムラはあるが、いずれもサクラガイ。形やサイズは大体均一で、あまり大きな個体差はない。ツメタガイなどに食べられた個体には穴が空いている

Japanese Oyster

Crassostrea gigas

マガキ［真牡蠣］

イタボガキ科

見つけやすさ ◆◆◆

別名：イソガキ、ヒラガキ、ハナタレガキ
大きさ：10㎝
分布：北海道以南
主な生息域：汽水域・潮間帯～水深20mの岩礁、砂礫底
貝殻を見つけられる場所：磯場、レストラン

不規則な形で、岩か骨のよう

高級食材として人気のカキ。
カキと言っても、食用では大きく2種類ある。
「マガキ」と「イワガキ」だ。
どちらも旨いが、浜辺に落ちている貝殻は随分違う。
マガキの貝殻はとても薄く、縁はギザギザで、
素手で触ると怪我をするほど縁が鋭い。
イワガキは分厚く、重く、
まるで巨大な生物の骨が朽ちた跡のようだ。

大抵、岩場で、ごちゃっとしている

カキは世界中で食べられている食材。日本人にとっても馴染み深く、鍋やフライ、生食など、料理でよく使う。また町おこしにも使われるほど、カキは人気だ。けれど案外、カキにいくつかの種類があることは知られていない。よく生で食べられているのは、養殖されたマガキ。旬は10月〜4月、対して岩ガキは6〜9月と夏が旬だ。内湾にイカダを浮かべ、貝殻などに穴を開けて紐を通してぶら下げておくと、数年で立派なマガキができあがる。これはカキの赤ちゃんが海を浮遊した後、硬い岩などに固着し、そこで大きくなる性質を利用している。天然のマガキは岩や杭などにマガキ同士がくっつき合っていることが多いため、一体何個ついているのかも分からないほどだ。カキ同士がくっつき合って巨大な塊になったものを「カキ礁」と呼ぶ。カキはオスがメスになったり、メスがオスになったり性転換することもある。また「海の掃除機」とも呼ばれるほど濾過効果も高い。

マガキはどんな料理にもよく合い、栄養豊富なため養殖が盛ん。写真は養殖場。殻から掻き出して食べるから「カキ」と呼ばれるようになったとも

食べ頃は10月から3月と言われるが、それはマガキの話。もっと大きく成長するイワガキは夏が食べ頃。イワガキは大きく20cm以上にもなる

カキの貝殻を拾ったら

マガキの貝殻を見つけた時は気をつけよう。簡単に手が切れてしまうほど鋭利で危ない。砕けた殻が落ちていることもあるので、素足で海岸を歩くのはやめよう。イワガキの貝殻は波で朽ちているものは、アクセサリーなどの入れ物にもできる。栄養にもなるので植木に使ってもいい

間違えやすい貝殻

【イワガキ】

イワガキは殻も中身もマガキよりも分厚く大きいのが特徴だ

写真の中央にある複数くっついたものが天然のマガキの貝殻。このような状態になっているものが、波で粉々になる。周囲に並べた白いものはイワガキの貝殻。白骨化した感じで「イルカの骨？」と間違える人もいる

Gold-Mouthed Tun

Tonna luteostoma

ヤツシロガイ【八代貝】

ヤツシロガイ科

見つけやすさ ◆◆◇

別名：ヤマドリガイ、フタナシ
大きさ：5～20㎝
分布：北海道南部以南
主な生息域：潮下帯～水深200mの砂底、砂泥底
貝殻を見つけられる場所：砂浜、漁港

海岸で拾える大型の巻貝

ヤツシロガイは個体差が大きく、小さなもので5㎝ほど、大きなものでは20㎝にもなる。台風の後などは、案外海岸に打ち上がる。殻は丈夫だが、大きさゆえか割れた一部分を見つけることも多い。

まるでヤマドリのような色と柄

ふっくらしたラインに、クッキリとした筋。見つけたらテンションが上がる貝殻だ。海岸に打ち上げられる巻貝の貝殻には蓋はついていないが、ほとんどの巻貝は生きている時に蓋を持っている。けれどこのヤツシロガイには、そもそも蓋がない。大きく身を乗り出し、海底を這って、ウニやナマコ、ヒトデなどを食べる肉食貝だ。ウズラやキジのメスなどに模様と形が似ているためか、ヤマドリガイと呼ばれることもある。実は身にもまだら模様があり、ウツボのよう。肝の部分も殻と同じ模様をしている。また大型のオニヤドカリがこの貝殻を棲み家にしている場合があり、マニアの間では有名。名前の由来は九州の八代海でたくさんとれたためだと言われている。外洋から内湾まで広く生息し、割と生体数の多い貝なので、本土で大型の美しい巻貝を集めるなら、このヤツシロガイあたりを狙うのがいいかもしれない。

蓋がないため「フタナシ」と呼ばれることも。イセエビなどのさし網に絡むことがあり、稀に食用で食べる地域もある。大きな貝殻が欲しい場合は、漁港に行ってみるのも手だ

貝殻をクローズアップして見ると、この割れた破片を見たことがある、と思った人もいるかもしれない。意外と頻繁に打ち上げられる

ヤツシロガイの貝殻を拾ったら

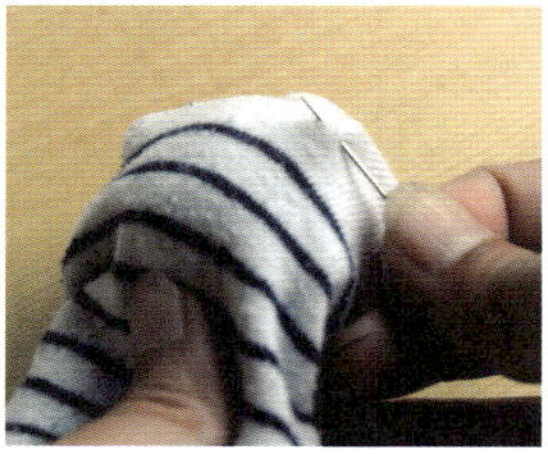

縫い物の土台として使う

丸いものを縫いたい時や靴下の補修などの時に、中にヤツシロガイを入れて大きな口から手を差し込んで布を押さえると丸みがキレイ出てなおかつ手をささずに縫えて便利

間違えやすい貝殻

【スジウズラ】

形は非常に似ているが、大きな違いは模様があるかないか。それ以外はほぼ同じだが、スジウズラの方がヤツシロガイに比べて個体数がやや少ない

ヤツシロガイ　Gold Mouthed Tun

実物大で撮ってみました

いずれもすべてヤツシロガイ。拾える大きさはさまざまで、小さい場合はヤツシロガイと気付かない場合も。小さくても形は変わらない

DALL'S UNICUM TOP SHELL

Calliostoma unicum

エビスガイ［恵比寿貝］

エビスガイ科

見つけやすさ ◆◆◆

別名：アブラミナ
大きさ：２㎝
分布：北海道南部〜九州
主な生息域：潮間帯の岩礁
貝殻を見つけられる場所：砂浜、磯場

恵比寿様の帽子に似ている

日本人は祭りや願掛けが好き。
そんな日本人がもっとも好む
七福神の神様とも言われている
恵比寿様の名がついた貝殻。
もし拾えたら、何だかとっておきたい。
それによく見れば、いい形だ。
小さな子にはウンチみたいに見えるかもしれないが。

実は割とどこにでもいる、ありふれた貝

エビスガイはその名前から、希少性が高いもののように思われるかもしれないが、よく「磯もの」なんて言われる、磯場にゴロゴロいる貝の中の一つ。「〇〇エビス」という仲間の種類も多い。そんな事情を知っていると、あまりレア感のない貝殻だが、ビギナーにとっては拾うと案外嬉しい貝殻だ。まず形がいい。横から見ると理想的な三角形で細かい筋が渦を巻き、キレイな螺旋を描いている。そんな貝殻の様子が恵比寿様の帽子に似ているからエビスガイとなったと言われているが、むしろインドの寺院の屋根っぽい。生体にこれといった珍しい特徴はなく、あえていうなら体は朱色。これまためでたい色だ。岩についた海藻や微生物などを食べる。食べることもでき、殻の内側は真珠層が美しい。どこにでもいる平凡な貝につけられた神様の名前。幸せは目をこらせば、どこにでも足元に転がっている。そんなふうに思いたい。

恵比寿様の帽子に似ていなくもない。恵比寿様は商売繁盛、大漁満足、五穀豊穣、航海安全、開運招福、学業成就などのご利益がいっぱいで縁起がいい

一眼レフのカメラなどを持っていたら、ぜひマクロで撮影してみてほしい。肉眼で見る地味な印象とはまた異なる味わいがある

エビスガイの貝殻を拾ったら

お守りとして飾っておく

せっかく拾ったエビスガイの貝殻は、縁起のいい七福神の恵比寿様にあやかって、座布団を敷いて日の当たる場所に飾って願掛けしてみよう。効果があるかは分からないが、なんとなく効きそうな気がする…という気持ちが大事

間違えやすい貝殻

【リュウグウオキナエビス】

見間違えることはないが、これもエビスガイということで紹介。大きさが20cmほどもあり数が少なく、貝殻はコレクターの間で高価で取り引きされている

エビスガイ　DALL'S UNICUM TOP SHELL

実物大で撮ってみました

いずれもエビスガイ。大きさ、色、柄に個体差があるが、特徴はキレイな渦巻きと大きく開いた開口部。柄はまだらな印象だ

1円玉の大きさと比べると…

2cm

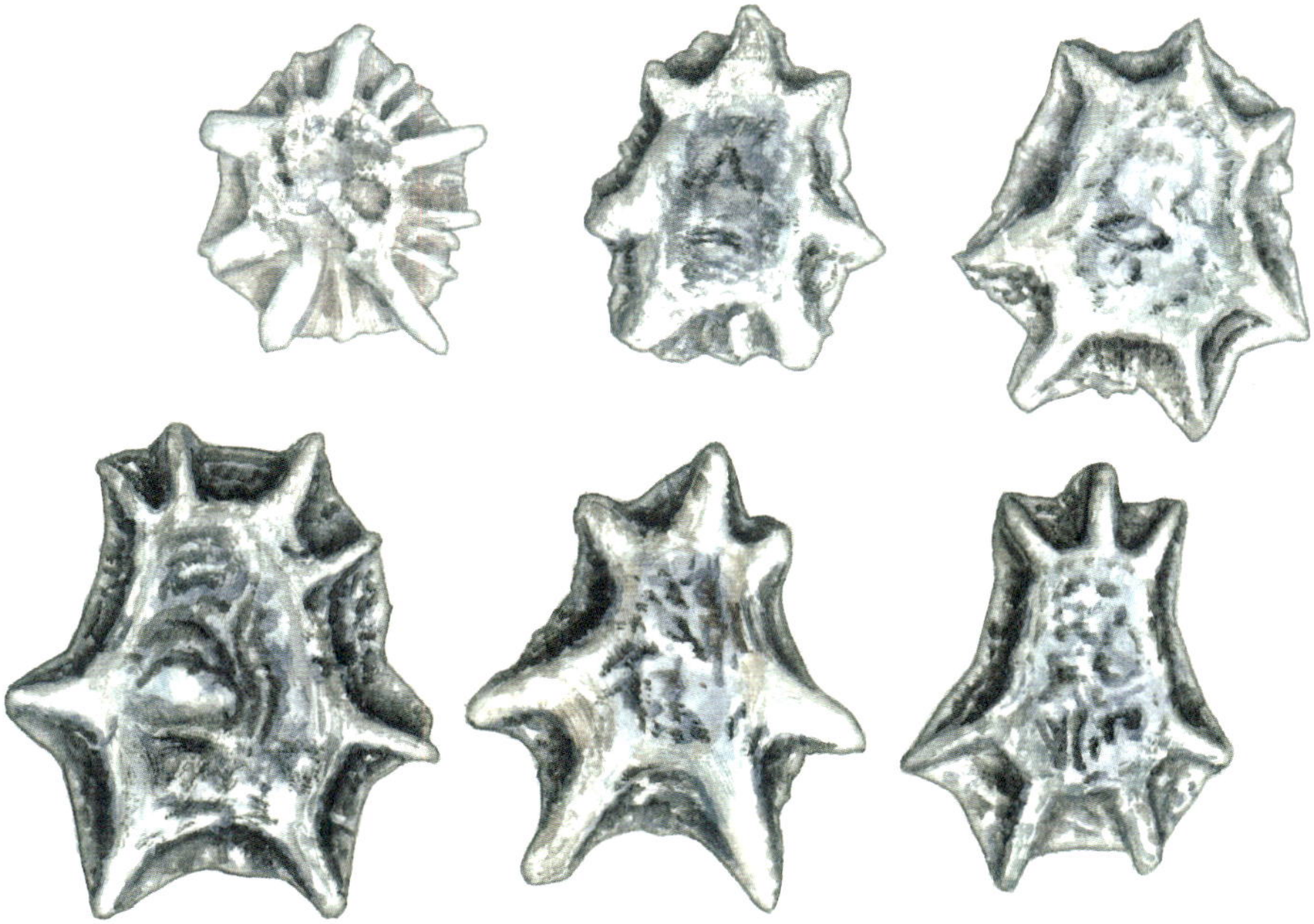

Sacchaline Limpet

Patelloida lanx

ウノアシ
［鵜の足］

ユキノカサガイ科

見つけやすさ ◆◆◇

別名：なし
大きさ：3㎝
分布：男鹿半島、房総半島以南～九州
主な生息域：潮間帯の岩礁
貝殻を見つけられる場所：磯場

まるで水鳥の足のような形

殻は傘の形をして、7～10本の筋があり、上から見た形が「鵜（う）」の足に似ている。波しぶきがかかる程度の岩場に生息しているため、ウノアシの貝殻が見つかるのは磯か、岩場のある海水浴場など。形は小さいが、生体を見る機会は多い。

いつも同じ自分の居場所に帰る

ウノアシは潮間帯の岩の上の方に集団でいる。干潮時にはほぼ動かず、岩の一部に見える。まるでフジツボなどと同じように、その場に張り付いて動かない生物だと思っている人もいるかもしれない。けれど実際にはウノアシは体を傘の中にすっぽり隠したまま、岩にピタリと張り付いて、藻類を食べながら移動する。万が一、移動中に体が浮き上がってひっくり返ったら、自分の力で起き上がる術はない。ウノアシは餌を食べ終わった後は必ず自分が元いた同じ場所に戻る性質がある。目もないのに、どうやって方角が分かるのか、また散々動き回った後に自分が元いた場所だとどうして分かるのか不思議だ。ウノアシが付着している岩の表面は、いつも同じ場所にいるためか、殻の形に凹みが見られるほど。自宅で素振りを1000回した野球選手の家の畳に1箇所だけ穴が開く、という話に似ていなくもない。色は地味だが、よく見てみれば星のような形にも見える。

水鳥の足の筋は3本（踵に1本隠れていて本当は4本）だが、ウノアシの筋は7〜10本。隆起の仕方や形はそれぞれで規則性はあまりない

いつも波しぶきがかかって濡れている、そんな岩場にくっついている。そういった場所はエサが豊富なためだ。潮だまりなどで探せばすぐに見つかるだろう

ウノアシの貝殻を拾ったら

足跡みたいに並べてみる

標本にするにもイマイチ地味であまり集め甲斐がないが、たくさん集まったら、足跡みたいに並べて標本にしてみると楽しい。工作などに使ってもユニークなものが作れそうだ

間違えやすい貝殻

【キクノハナガイ】

大きさもほぼ同じのため間違えやすいが、ウノアシよりも筋が白くハッキリ浮き出て6〜7本あり、その間に細かい筋が入る

ウノアシ Sacchaline Limpet

実物大で撮ってみました

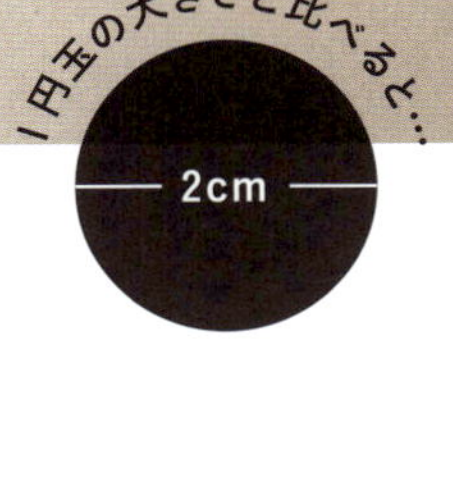

ウノアシはこすれて模様が出ている場合と、
そうでないものがある。右下２つはウノアシ
にも近い種類で、よく拾えるツタノハガイ

JAPANESE BONNET SHELL

Semicassis bisulcata persimilis

ウラシマガイ［浦島貝］

トウカムリ科

見つけやすさ ◆◇◇

別名：特になし
大きさ：5〜7㎝
分布：房総半島以南
主な生息域：水深50〜100mの砂底、砂泥底
貝殻を見つけられる場所：砂浜

とても覚えやすい名前の貝

海でいじめられていたカメを助けて、竜宮城へ連れていかれた浦島太郎。お土産にもらった玉手箱を開けたら、おじいさんになってしまう、という有名な昔話。ウラシマガイは、子どもにとっては名も見た目も覚えやすい貝だ。

写真提供:ふじのくに地球環境史ミュージアム

女性が好むオシャレな見た目

砂底に普通によく見られる貝。肉食でウニやヒトデを襲う。強い酸の唾液で穴を開けて補食する。蓋は三日月型で、貝殻の表面には茶色の四角い不明瞭な模様が並ぶ。この貝がもっとも面白いのは卵だ。夜になると集団で集まり、産卵をする。それがまるで建築でもしているかのように、タワー状になっているから不思議だ。何故わざわざこのような不思議な形にするかは、いまだによく分かっていない。貝殻自体は比較的、薄くて軽く、そのためか海底深くにいても、浜辺に流れ着くことが多い。またダイバーの間では、この貝殻にはよくミジンベニハゼなどが棲みつくことでも有名だ。ミジンベニハゼは空き瓶などにも棲み、何もわざわざそれほど丈夫でもないウラシマガイの貝殻の中に入らなくても…と思うのだが、この大きさや構造がちょうどいいのだろう。下の部分の大きな膨らみが壊れた貝殻などが多く、キレイな個体を拾ったらラッキーだ。

さながら「バベルの塔」のようなウラシマガイの卵。海底で海藻のようにユラユラと揺れる。複数の個体で1つ大きな塔を作るのは珍しい

ダイビングで見つけたというミジンベニハゼがウラシマガイに隠れているところ。どちらも小さくて可愛いため、見かけたら思わず写真を撮りたくなる

ウラシマガイの貝殻を拾ったら

紙ヤスリで削って断面を見る

もしウラシマガイがいくつか手に入ったら、1つくらい紙ヤスリでこすって断面を見てみるのも面白い。構造がよく分かる。壊れやすいのであまり強く握らず、根気よく削ってみよう

間違えやすい貝殻

【カズラガイ】
【ナガカズラガイ】

6cmほどの大きさで、シルエットがとてもウラシマガイと似ている。さらに似た種で「ナガカズラガイ」という種もあるが、これはカズラガイの種内変異との説もある。写真はカズラガイ

ウラシマガイ JAPANESE BONNET SHELL

実物大で撮ってみました

写真はウラシマガイによく似た種のタマウラシマとカズラガイの貝殻。こうやって並べてみると可愛らしいが、生体はどちらも肉食なのでこれだけの数が揃うとウニやヒトデにはかなり恐怖だ

マテガイ ［馬刀貝］

マテガイ科

見つけやすさ ◆◇◇

別名：カミソリガイ、マテ
大きさ：8～12㎝
分布：北海道南西部～九州
主な生息域：潮間帯の砂底
貝殻を見つけられる場所：砂浜

RAZOR CLAM

Solen strictus

海外ではよく食べられている貝

マテガイを食べたことのある人は少ないかもしれない。けれど欧米に行けば、ごく一般的な食べ物として食べられている。イメージとしてはアサリやムール貝と同じで、バターソテーやワイン蒸しなどにして食べられる。カミソリという別名や英語で「ジャックナイフ」と言われることがあるように、貝とは思えないほどに長細い形が特徴。砂浜の表面を少し削ると、穴が見つかる。その穴に塩を振り込むとマテガイが飛び出してくることがある。

砂浜から顔を出したマテガイ。砂浜に1つだけ穴が空いている時は、カニやマテガイが隠れていることが多い

マテガイの貝殻を拾うため

生きたマテガイを捕まえてみる

マテガイについては貝殻だけ拾うということはあまりなく、生きたマテガイそのものを探し出して、食べた後に貝殻を入手するというパターンだ。空いた穴に塩を入れると、ニューッと出てくるので、軍手などをして思い切り引き抜こう

間違えやすい貝殻

【イシマテ】

マテガイの仲間ではない。こちらは海辺の岩に穴を開けてその中に棲んでいる。橋などの基礎をボロボロにしてしまうことも。二枚貝の中で一番いいダシが出るという

Hairy Triton

Cymatium parthenopeum

カコボラ［加古法螺］

フジツガイ科

見つけやすさ ◆◆◇

別名：ミノボラ
大きさ：3〜12cm
分布：房総半島・新潟県以南
主な生息域：潮下帯〜水深50mの岩礁、岩礫底
貝殻を見つけられる場所：岩礁、砂浜

ホラガイの仲間の中では小型な方

貝殻がずっしり重い。
これでもこの種類の中ではライト級。
まるでホラガイとレイシガイを
ミックスしたような見た目。
あまり美しいとは言えないけれど、
見つけたら拾っておきたい。

毛むくじゃらで、ちょっとグロテスク

貝殻は硬く、強く長い毛をまとっている。乾燥した海藻が絡み付いているかと思いきや、引っ張ってもとれない。長い年月で貝殻に海藻が生えた訳でもない。モジャモジャの正体はカコボラの地毛(殻皮毛という)。この種は、もともとこんな毛が生えている。そう考えるとゾワッとするが、死んだ個体の貝殻からは、ごそっとこの毛がとれていることが多い。人間の体毛は、怪我や寒さから体を守るためのものだが、すでに硬い貝殻を身にまとい、海中にいる貝にとってこの毛はなんのためなのか、あまりよく分かっていない。カコボラが食べるのはヒトデや貝など。そのせいか体内にやはり毒を蓄えていることが多い。生まれたばかりのカコボラの赤ちゃんは100日以上もプランクトンとして海を漂う生活をするため、日本のみならず、全世界の海に広がっている。貝殻の中に隠れている体は蛇の目模様。貝殻の内側の部分には白黒の模様の筋が入っている。

毛の部分がついたまま、浜辺に落ちていたら、それは多分、刺し網にかかったものを漁師さんが捨てたもの。中身が入っている場合もあるが食べないようにしたい

口の部分を拡大してみると、独特の模様があり、毒々しい。もちろん貝殻そのものに毒はなく、素手で触っても平気だ

カコボラの貝殻を拾ったら

生き物の棲家にしてみる

もし金魚やメダカや熱帯魚など水槽の生き物を飼っていたら、その中に沈めて、生き物の棲家にしてみよう。もしかしたらいい遊び場になるかもしれない

間違えやすい貝殻

【ボウシュウボラ】

ボウシュウボラはカコボラを少し長く大きくしたような見た目。20cmほどの大きさがあり、ヒトデやナマコを食べるボスキャラのような貝だ

カコボラ HAIRY TRITON

右の大きいものはボウシュウボラ。その他はカコボラ。真ん中の貝殻に海藻がついているように見えるが、本来はすべてこの毛が生えている

実物大で撮ってみました

1円玉の大きさと比べると…

2cm

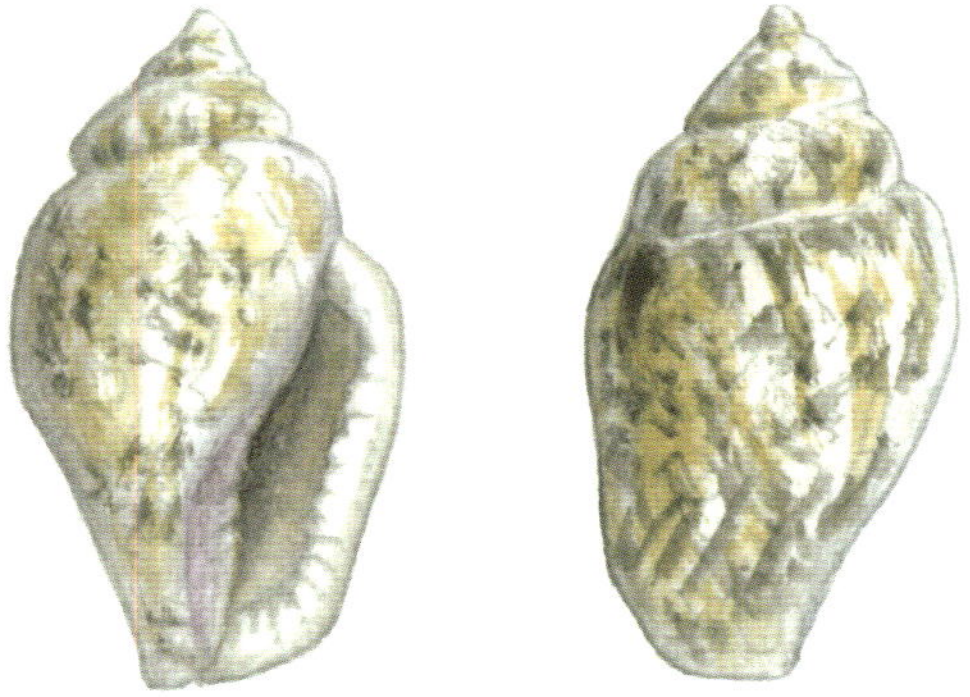

Dotted Dove Shell

Euplica versicolor

フトコロガイ［懐貝］

フトコロガイ科

見つけやすさ ◆◆◆

別名：特になし
大きさ：1cm
分布：房総半島以南
主な生息域：潮間帯の岩礁、海藻上
貝殻を見つけられる場所：岩礁、砂浜

1cmほどの小さく美しい巻貝

小指の爪ほどの大きさしかない
小さな巻貝。
よく目を凝らせば簡単に見つかる。
柄は茶色と白のマーブル模様で、
口の部分が狭く、着物の襟のようなので
「懐（ふところ）」にちなんで
フトコロガイとなった。

その周辺は、まるでミニチュアの世界観

浜辺に腰掛けて、もしくは寝そべって、じっと1ケ所を見続けると見つかる貝殻。それは大きくなることができずに死んでしまった子どもの貝か、フトコロガイのようなもともとが小さな貝。フトコロガイは1cm程度しかない巻貝で、比較的見つけやすい。この貝殻を探すなら、大人より地面に近い子どもの方が上手いだろう。フトコロガイの貝殻は春先にたくさん見つかることが多い。それは冬の寒さに耐えきれず死んでしまう個体が多いためだ。生体は潮だまりの海藻の間などでたくさん見つけることができる。貝殻の表面はツルツルとした手触りで、口の部分は他の貝に比べると隙間が狭く、内側にギザギザが並ぶ。どこにでもいる似たような小さな貝としては、ムギガイ、ボサツガイ、マツムシなどがある。子どもでもたくさん拾えて、クラフトなどに使っても惜しくない。春になったら近くの海岸へでかけて、クラフトの材料探しにでかけてみては?

特徴はとにかく小さいこと。それでも立派に貝の形をしている。そういった小さな貝殻ばかりを集めてみるのもまた面白い

生きているフトコロガイは岩や海藻などにつかまっている。色柄はあまりよく分からない

フトコロガイの貝殻を拾ったら

クラフトの材料として集めておく

ビーズやキレイな小石、シーグラスなどと同じように、クラフトの材料としてケースに分けて保管しておくと、何かを作る時に便利。また小さな貝殻ばかりを集めたミニチュア標本を作ってみるのも楽しそうだ

間違えやすい貝殻

【ムギガイ】【マツムシ】

ともにフトコロガイ科の1cmほどの巻貝。ムギガイは模様は茶色とオレンジの水玉。マツムシは茶色と白。こちらも拾うのは簡単で、生息する海岸ではたくさん拾える

フトコロガイ Dotted Dove Shell

実物大で撮ってみました

あまりに小さいので整列させてみた。写真に使っているのは実際に拾ったもの。よく探せば、このくらいの数を拾えることもある

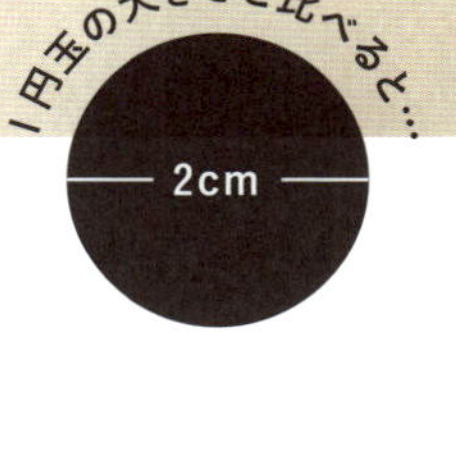

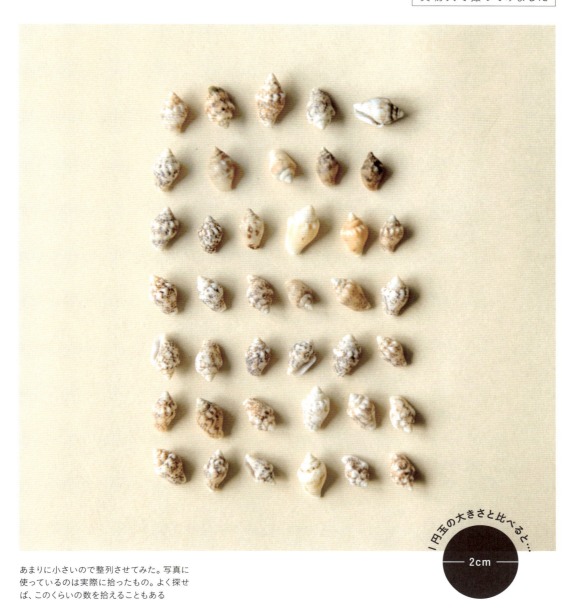

Purple Shellrock Shell

Reishia bronni

レイシガイ〔茘枝貝〕

アクキガイ科

見つけやすさ ◆◆◆

別名：タバコニシ、ニシダマ
大きさ：4㎝
分布：北海道南部、男鹿半島以南
主な生息域：潮間帯の岩礁
貝殻を見つけられる場所：磯場、砂浜

岩場でよく見かける白いイボイボ

砂浜の上で見かけるというより、磯場でよく見かける貝。貝殻だけでなく、生体もよく見られる。海外ではこの貝の仲間に糸をこすりつけて、高貴な人が着る紫色の糸を作ったという。でも日本では、植物から紫色に染めていたため、どちらかといえば食用のザコ貝だ。

特徴は白さと不揃いな大きな突起

レイシガイはイボイボが目立つので、すぐに見つかるだろう。最初は嬉しくて大切に持ち帰るのだが、そのうちすぐに「なんだ、またこれか」という気分になってくる。それほど実際に拾って集めてみると、このレイシガイの多さに気付く。貝殻拾いも頻繁になると、拾い上げもしなくなる。他の貝を食べる肉食性の貝で、タカラガイやカキの天敵だ。この種は似たものが多く、よく見かけるイボニシ、シロレイシ、クリフレイシ、コイワニシなど時間が経った状態では、あまり見分けがつかない。その上レイシダマシ、シマレイシダマシ、シロレイシダマシ、ウネシロレイシダマシ、トゲレイシダマシという種類もいてややこしい。さらにはレイシダマシモドキというものまでいる。…もうイボニシ以外は見分けることはやめにして、似たヤツは全部「レイシガイの仲間」または「多分、レイシガイ」と呼ぶことにしよう。

レイシガイはイボが他の貝より飛び出しており、目立つ。また間違えられがちなイボニシと異なり、内側まで白っぽいクリーム色をしている

ゴーヤのことをツルレイシといい、その突起が似ているからレイシとなったという説や、果物のレイシ（ライチ）と似ているためなど諸説ある

レイシガイの貝殻を拾ったら

数個合わせて、手でこする

レイシガイやイボニシを数個拾ったら、キレイに洗って乾かしたのち、手のひらを合わせてこすってみよう。ゴリゴリ、ボリボリと音がして面白い。また手のひらのマッサージにもちょうどよく気持ちいい！

間違えやすい貝殻

【イボニシ】

レイシガイよりもイボが低く、内側が黒いのが見分けのポイント。また全体的に殻そのものの黒っぽい面積が多い

実物大で撮ってみました

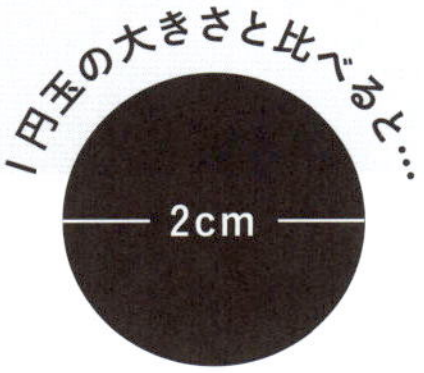

石と並べて撮ってみたら、石ころみたいにも見える。ちなみにこの中で明確にレイシガイでないと言えるのは、下の方にある黒っぽい個体。これはイボニシ。それ以外は「多分、レイシガイ」

Underlined Fig Shell

Ficus subintermedia

ビワガイ［枇杷貝］

ビワガイ科

見つけやすさ ◆◇◇

別名：特になし
大きさ：8㎝
分布：房総半島以南
主な生息域：水深10～20ｍの砂底
貝殻を見つけられる場所：砂浜、干潟

ビワ？ それともイチジク？

日本語ではビワガイ。
でも英名ではイチジクガイ。
巻貝の割に、きっちり巻き切らず、
かなり大きく開いている。
模様は淡く、貝殻も割れやすく繊細。
貝殻の柄はまるで布のよう。
浜辺で見つけたい、美しい貝殻だ。

見た目も生き方もユニーク

ビワガイは見た目に特徴があるので、浜辺で落ちていればすぐに分かる。拾いたい人も多い人気の貝殻だ。形はビワよりは細長く、先が尖っているせいか、イチジクと名のつく別のものの方が似ていると思う人も。貝殻は8㎝ほどある割に、薄型で割れやすい。開口部が広く、ピッタリ収めるのが難しい形だからなのか蓋はない。生体は茶色地に白と黄色の斑点模様。見た目に反して行動的で、体を広げて移動しながらエサを探す。主にはカキやホヤなどに口を差し込んで補食する。反対に敵に襲われそうになると、粘液を出して相手を驚かせている間に、海底を蹴って逃げる。あまり生きている貝を見て女子が「可愛い〜」となることは少ないが（どちらかといえば「気持ち悪い」となりがちだ）このビワガイに限っては、生体の顔が案外可愛い。目がちゃんとあり、しかも点で、貝殻の隙間からチラッと覗くと、思わず「可愛い〜」と言ってしまうだろう。

貝殻をクローズアップした写真。ビワガイの貝殻は拾いたい人が多いためか、遭遇度は低い

ビワガイの生体。細い方が頭だ。まるでエビか魚のような見た目で、目がビーズのよう。貝殻がちょうどリーゼントのようになって見える

ビワガイの貝殻を拾ったら

**標本を作って
インテリアにする**

ビワガイはいい状態のものがいくつも拾えるものではないので、もし運良くキレイな貝殻を拾ったら、素直に標本として飾ることをおすすめする。できるなら下にコットンを敷いて割れないように、また上にはガラスがかかる蓋付きの箱があるとベターだ

間違えやすい貝殻

【イチジクガイ】

ほぼ同じ見た目でイチジクガイというものまであるからややこしい。ビワガイとイチジクガイの両方が揃うといいが、どちらもそこそこレアだ

ビワガイ Underlined Fig Shell

実物大で撮ってみました

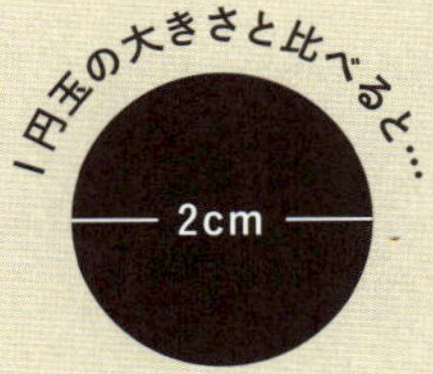

本物のビワと並べて撮ってみた。
やっぱりあまり似ていない。ビワガイの淡い模様が愛らしい

MUD SNAIL

Batillaria cumingii

ホソウミニナ［細海蜷］

ウミニナ科

見つけやすさ ◆◆◇

別名：ホウジャ
大きさ：3.5㎝
分布：北海道以南
主な生息域：潮間帯の砂泥底、干潟
貝殻を見つけられる場所：河口付近の泥、干潟、磯場

小さくても、ハイパーな存在

細長く、スラリとした体。
テトラポットや船着き場などに
生きた個体が山ほどいる。
本来はウミニナに似ていたことから
細いウミニナと言われていたが
今では本家を乗っ取る勢いで増えている。

海辺のアスファルトにズラリと並ぶヤツ

いる場所にはたくさんいて、いない場所にはまったくいない貝。だからなのか知名度も人によって差が激しい。海辺で育った人なら子どもの頃にウミニナをたくさん拾った思い出があるかもしれない。そのウミニナは今、絶滅に近い状態。それにかわって増えているのがこのホソウミニナだ。ウミニナよりも細長いことからホソウミニナと名付けられた。この貝殻は成貝でも3㎝程度で螺層は8段にもなる。不規則な煉瓦のような彫刻があるが、色はほとんどない。ウミニナ類は通常ベリジャー幼生になって、海を浮遊し流れ着いた先で貝になるが、ホソウミニナは他の仲間と違い、いきなり卵から仔貝が生まれるため、いる場合は同じ場所にたくさんいるという現象が起こる。しかも水質の変化に強く、しばらくなら濡れてなくても平気。殻も硬く、身も小さいので誰もあまり食べようとは思わない。敵が少ないため勢力を拡大している。

岩やコンクリートの傍に群がり、乾いた場所にいることも。死んでいるのかと思いきや中身が入って生きていることも多い

ホソウミニナの特徴は全体のシルエットがウミニナより細長く、かつ口の部分もあまり丸みがなく、細長い。柄はいたって地味でこれといった特徴はない

ホソウミニナの貝殻を拾ったら

カラフルな色に塗ってみる

巻貝なのに不人気なホソウミニナの貝殻。どんな色だったら人気を集めることができるのか。試しにアクリル絵の具で塗ってみた。白いと急に爽やかに。色をつけると違う貝のように見える。人は色に影響されると実感

間違えやすい貝殻

【ウミニナ】

一時は絶滅しかかったウミニナが一部の海では戻りつつある。全体に少し丸みがあり、口の部分も楕円系でカーブが緩やかだ

写真提供：ふじのくに地球環境史ミュージアム

【カワニナ】

ホタルのエサとして知られる川に住むカワニナ。生息域が違うため、間違えることは少ないが、海にいるウミニナ、川にいるカワニナと覚えておこう

実物大で撮ってみました

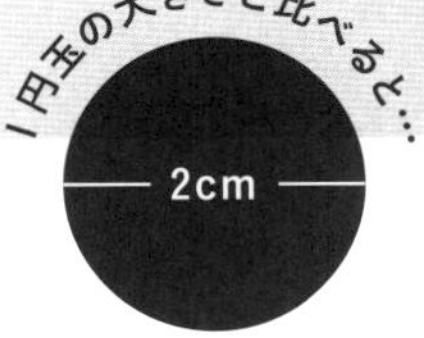

そっくりな形ながら巨大な右側の大きな貝はキバウミニナ。マングローブの葉などを食べる。中央3つがホソウミニナ。左から2番目がカニモリガイ、一番左は判断が難しいがナガタケノコカニモリの上部が欠けたものだと思われる

TOP SHELL

Omphalius pfeifferi pfeifferi

バテイラ

［馬蹄螺］

バテイラ科

見つけやすさ　◆◆◇

別名：シッタカ、カジメダマ、サンカクミナ
大きさ：4～6㎝
分布：本州東北以南の太平洋岸
主な生息域：潮間帯～水深20mの岩礁
貝殻を見つけられる場所：磯場、漁港、たまに熱帯魚店

波がかる岩場によくいる三角帽子

関東では「シッタカ」と呼ばれる、ごくありふれた貝。
居酒屋などでも塩ゆでされたものが、
酒の肴として出てくることがある。
そのため大人でこの貝殻を集めようという人は少ない。
色も地味、形も地味、海藻とかついている。
でも、子どもはヤドカリの家として覚えている。
砂浜では結構な確率で、ヤドカリが入っている。

似た種類が多く、よく見分けがつかない

正式名の「バテイラ」よりも、通称の「シッタカ」の方が大人には有名だ。牛が「ビーフ」、豚は「ポーク」と食用の時に呼び名が変わるように、「シッタカ」と言えば食べ物。居酒屋でも「バテイラの塩ゆで」と言う言葉はほぼ聞かず、「シッタカの塩ゆで」という言葉を見かけるせいかもしれない。よく食べられるのは茹でても硬くならず、爪楊枝で簡単にくるんと中身を取り出せるからだろう。また岩の上など誰でも簡単に手が届く場所によく見られ、岩に張り付いておらず簡単にとれるため、昔は海辺の食卓によく並んだ。ただ最近では非常に高価なものとなっている。似た貝でクボガイ、イシダタミなども一緒に塩ゆでされて食用にされることも。珪藻類を摂食する習性があるため、生体は海水水槽のコケ取り用に飼育されることがある。砂底で動いているものを発見した場合は、ヤドカリが中に入っていることが多い。硬く丈夫で、ちょうどいいのだろう。

磯で見かける時、海藻などを身にまとい、もはや何が何だか分からない姿になっていることも多い

蓋は飴色で、薄い。生体がいないかはこの蓋のありなしで分かる。蓋がついていないのに浜辺で動いている場合は、ヤドカリが入っている

バテイラの貝殻を拾ったら

酢で殻を溶かしてみる

貝殻の汚れをとるのに、色々と危険な薬品を使うこともあるが、子どもと一緒に実験するなら、お酢かクエン酸がおすすめ。コップにお酢を入れ、その中に殻を入れると泡ぶくが出る。1日おいて取り出したら、ブラシでこすってみるとピカピカに！写真はクボガイ類

間違えやすい貝殻

【ギンタカハマ】

よく似ているが、違いは貝殻の先端がとんがった円錐形ということ

バテイラ TOP SHELL

バテイラは似た種が多く、摩耗した状態では正確には分からない。右上の灰色の大きめな貝殻がバテイラで、白い粒が見えるのはウラウズガイだと思われる

Ox-Palate Nerite

Nerita albicilla

アマオブネガイ

［海人小舟貝］

アマオブネガイ科

見つけやすさ ◆◇◇

別名：カタカタ、コトコト
大きさ：1.5㎝
分布：房総半島以南
主な生息域：潮間帯の岩礁
貝殻を見つけられる場所：砂浜、磯場、干潟

白黒の小さく変わった形の貝殻

黒地に白の斑点が入る小さな貝殻。
裏返してよく見てみると、
半分だけ口が空いている。
ネーミングは「漁夫の乗る小舟」。
こんな小さな貝殻から漁師の船を連想するほど
昔の人にとって漁師は身近な存在だったのだ。

船というより、ベレー帽を伏せたような形

アマオブネガイの貝殻は半分だけ丸く、半分は平ら。裏面は平らで英文字のDの字のように半分だけ開いている。どうしてこのような形になっているのかはハッキリと分からない。昔の人はこの形を見て、小さな舟に似ていると思ったようで、アマオブネガイと名付けられたというが、今の人が見れば小舟というよりは、オシャレなベレー帽に見えるだろう。小さい個体が多く、大抵のものが2㎝ほどだ。岩場についた海藻や苔などを食べている大人しい貝で、小さいためか、見たことがないという人も多い。でもよく貝殻拾いをする人にとっては、時々混ざってくる割と平凡な貝殻だ。この貝は卵を岩や時には他の貝殻などの上にドーム状に複数産む。岩場で真っ白な謎の小さな丸を見つけたら、それはアマオブネガイの卵かもしれない。

アマオブネガイの裏表。丸みがあり、白黒のまだらな模様。裏面は平らで半月（Dの字）のように開いている

小さな白い点々のものがアマオブネガイの卵。写真では分かりにくいが1つ1つがドーム型になっている

アマオブネガイの貝殻を拾ったら

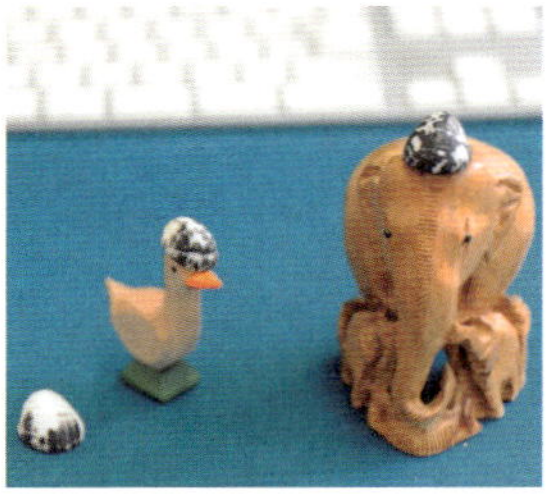

何かの帽子にしてみる

鉛筆や人形など、身近にあるものにちょっと乗せてみれば…オシャレな帽子をかぶったように見える！バカバカしいが、案外面白い。鉛筆の上で固定させたいなら、削って差し込んでもいい

間違えやすい貝殻

【マキミゾアマオブネ】

もっと似た種に「アマガイ」がいるが、貝殻になった際の見た目はほぼアマオブネガイと似ている。このアキミゾアマオブネは、見た目がまったく異なる仲間。筋が際立ち、面白い形。拾えたら嬉しいので、ここで紹介してみた

実物大で撮ってみました

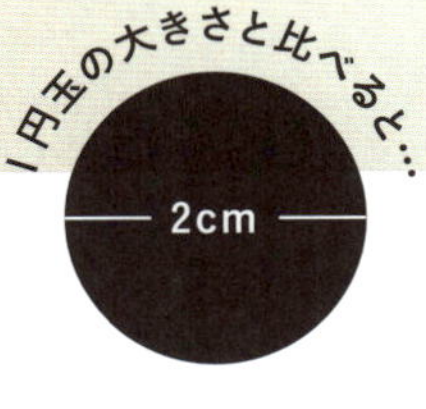

いずれもアマオブネガイ。サイズはほぼ均一で2cmほどに揃う。波にもまれると黒い部分が剥がれて、少しずつ白っぽく変化していく

ナツモモ ［楊梅］

ニシキウズ科

見つけやすさ ◆◇◇

別名：特になし
大きさ：1.2〜1.5cm
分布：能登半島、房総半島以南
主な生息域：潮下帯の岩礁
貝殻を見つけられる場所：磯場

BEAUTIFUL CLANCULUS

Clanculus margaritarius

そのままアクセサリーになりそうな貝殻

薄いピンク色の小粒ビーズがぎっしり詰まったかのようなナツモモガイは、小さな巻貝ながら存在感を放つ。でも桃には似ていないような…と思うかもしれないが、漢字で書くと「夏桃（ナツモモ）」ではなく、「楊梅（ヨウバイ）」。つまりヤマモモのこと。それなら確かにツブツブ感が似ていなくもない。ヤマモモの花言葉は「一人だけを愛する」。また中国で桃は古くから「不老不死」「チャーミング」の意味を持つ。いずれにせよ持っていると縁起が良さそうだ。

ヤマモモと言われても、ピンとこない人も多いと思うため、ヤマモモの実を掲載しておく。山の中に自然に生えていることもあり、果実は甘くおいしい

実物大

ナツモモは1.2～1.5cm程度の小さな貝。ツブツブの中に、黒の粒が入る。昆虫で言えば黒い点は目を模した模様で敵を騙すためだが、この貝の場合は何故このデザインか分からない

ナツモモの貝殻を拾ったら

可愛らしく、女性らしい縁起のいいモチーフでもあるのでイヤリングなどにしてみるといいかもしれない

間違えやすい貝殻

【イチゴナツモモ】

貝殻屋さんなどで売っていることが多い、ナツモモガイの仲間。色はもっと鮮やかな赤色。本当に小粒な野イチゴのようだ。アフリカ産なので浜辺では拾えない

Common Orient Clam

Meretrix lusoria

ハマグリ［蛤、浜栗］

マルスダレガイ科

見つけやすさ ◆◆◇

別名：ジハマ、ゴイシハマグリ
大きさ：7～10㎝
分布：北海道南部～九州
主な生息域：潮下帯～水深10ｍの砂底
貝殻を見つけられる場所：砂浜、干潟、レストラン
スーパーマーケット

昔は子どもの遊び道具や入れ物だった

ひな祭りのお吸い物には欠かせない食材で
昔の日本人には、アサリ同様馴染み深い貝。
また貝殻がピッタリ重なり合うこちから、
絵合わせをして遊んだり、
薬やニッキ飴を入れる入れ物としても使われていた。
近年、見かけるハマグリは
ほぼチョウセンハマグリやシナハマグリだ。

国産ハマグリは絶滅の危機にある

お母さんや子どもに「貝の名前を言ってごらん」と訊ねれば、多分10個も言えば、言葉に詰まるだろう。「サザエ、アサリ、ホタテ、カキ、ハマグリ…」なんてふうに、ハマグリは多分、10個以内に入るだろう。そんな数少ない日本人に馴染みの貝が今は絶滅危惧種に指定されていることを知っているだろうか。「今でもスーパーマーケットでよく見かけるけど?」というのは、ほぼ間違いなくチョウセンハマグリ。国産のハマグリが市場に並ぶことはほとんどない。ハマグリの貝殻の特徴は2枚がピタリと蝶番のように合わさって閉じること。ゆえに昔は入れ物としても使われていた。またアサリと違って、貝殻の表面がツルツルとニスを塗ったような光沢があるため、藻や海藻などがくっついたりしない。この塗装を真似ることができれば、船底やプールなど、さまざまな製品に役立つと言われている。また今でも碁石の材料として使われている。

ハマグリの色や柄にこれといった決まりはない。他の貝との大きな違いはニスのような表面のテカテカ具合。他の二枚貝はザラザラとした筋の手触りがあるが、ハマグリにそれはない

砂地に潜っている様子。干潟が減り、ハマグリが減少。近年では中国や韓国のハマグリをまいて国産ハマグリという場合も多い。人間のやることが生態系にも影響を及ぼしている

ハマグリの貝殻を拾ったら

お菓子の入れ物にしてみる

絵合わせカルタというのも面白いが、今はそこまでの数を揃えることは難しい。もし2枚揃ったハマグリの貝殻を持っていたら入れ物にしてポケットに入れて持ち歩いてみよう

間違えやすい貝殻

【ワスレガイ】

貝殻は分厚く、ハマグリにも似ているが、形状はハマグリよりも丸みがある

【ベンケイガイ】

タマキガイ科で、ハマグリとは科も異なるが、分厚く丈夫な貝殻でハマグリと間違える人も。表面はマットな手触りでツヤはない

実物大で撮ってみました

チョウセンハマグリは色も形もさまざま。右上の貝殻に穴が開いているのはツメタガイなどに食べられた跡

SHELL COLUMN

これも貝の仲間

ウミウシの仲間

貝殻が体の中で縮小、もしくは消失してしまった種の総称。毒々しくカラフルな色のものが多い。ちなみに、ナメクジも貝の仲間だ。

ウミウサギガイ

純白の貝殻が特徴。でも生体は真っ黒な体が全体をおおっており、見た目はウミウシのよう。

オウムガイ

イカ、タコに近い生き物。墨は持っておらず、触手は90本ほど生えている。

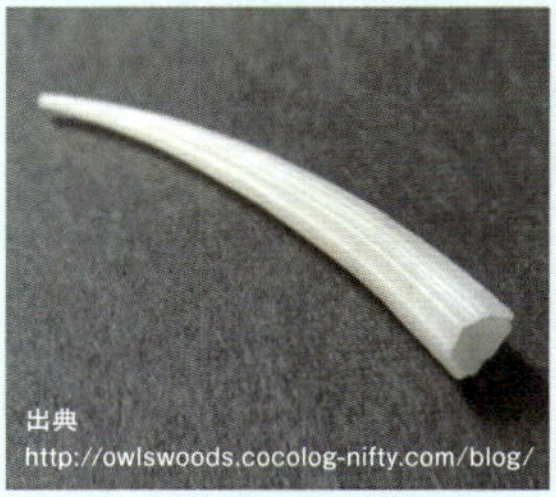

ツノガイ

何かのツノのようなもの。これも貝の仲間。殻などがすべて左右対称で蓋は持たない。

タコブネ　カイダコ（アオイガイ）

主に海の表面で生活する、巻貝状の貝殻を持つタコ。タコに何故貝殻が？と思うかもしれないが、実はタコやイカも大きく分ければ貝の仲間。中にはその名残で貝殻を残しているものもいる。

ヒザラガイ

岩場にくっついているダンゴムシの化石のようなものは動いて生きている。動いても同じ場所に戻る。

SHELL COLUMN

貝のようで貝の仲間ではない

タコノマクラやスカシカシパンなど

ウニの仲間。見た目が特徴的で貝殻コレクターが一緒に集めることが多い。

マボヤ

ホヤは貝だと思われがちだが、生物学的には貝ではない。別名「海のパイナップル」と呼ばれ、食用にされる。

フジツボの仲間

岩などにつくフジツボは貝ではなく、エビ、カニの仲間。ただしその場から動くことはできない。

写真提供：鳥羽水族館

シャミセンガイ

腹背に殻を持ち、シャミセンみたいな形をした貝かと思いきや、生物学的には貝類ではなく独自の進化をした生物。

カメノテ

岩にビッシリ生える亀の手みたいな生物。これも貝ではなく、フジツボと同じエビやカニの仲間だ。

写真提供：鳥羽水族館

イガグリガイ

潮だまりなどで時々見つかるこれは、貝の仲間ではなくイガグリホンヤドカリが背負った巻貝に、ウミヒドラ類がついた死骸。

エボシガイ

よく流木などにビッシリくっついている。こちらもフジツボと同じで、エビ、カニの仲間。

SHELL COLUMN

貝殻の標本作り

海で拾った思い出の貝殻はインテリアとしても飾れるような標本にしてみよう。本格的なやり方もあるが、夏休みの自由研究ならこれで十分。図鑑で調べた貝殻の名前だけでなく、拾った日付や地域も一緒に書いておこう。

材料

- 木製の仕切りBOX　1個
- 好みのサイズの木製額縁　1個
- コットン　10〜20枚
- 額縁サイズの黒画用紙　1枚
- 白い名前シール　必要分

道具

- カッター
- 物差し
- 新聞紙
- 木工ボンド
- 強力な両面テープ

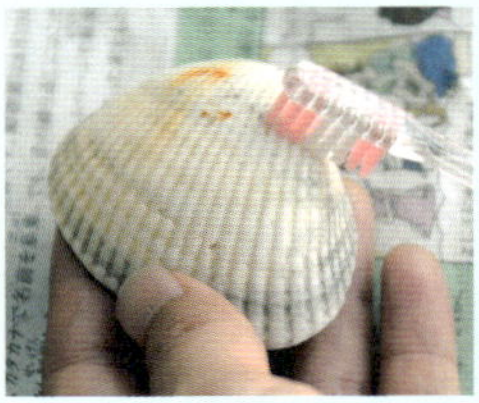

1 貝殻を拾ってきたら、まず真水で洗い、歯ブラシなどで目立つ汚れを取る。この時、貝を壊さないようにやさしく扱う。

2 新聞紙の上などに並べて日光で数日乾かす。もし巻貝などで中身が入っている場合は、茹でて中身を出しておくこと。

3 木箱や木製の額縁など、使えそうなものを準備。サイズなどは自由。今回は100円ショップで売っていた木製の仕切りBOXと木製額縁を使用。

4 木製の額縁から透明な表面カバーを取り外し、それを木製の仕切りBOXのサイズに合わせてカッターでカットしておく。

5 次にコットン1〜2枚を仕切りのサイズに合わせて折って軽く止めて、必要な数を準備。深さによって枚数を変える。

6 コットンを表に返して、仕切りの枠の中にキレイに収まるように詰める。高さが足りなければ、枚数を増やす。目安は縁まで来るように。

7 このタイプの箱に入れたいのは、のり付けしたくないもの、立体的な形を楽しみたいものなど。配置を考えながら並べる。シーグラスなどを組み合わせてもいい。

8 強力な両面テープを木枠の幅に合わせて細く切り、並べ終わった木製仕切りの四隅に貼り、4で準備しておいた表面カバーを乗せてしっかり固定したら、標本箱は完成。

9 今度は残っていた木製の額縁の台（板や段ボール等）のサイズに合わせて、黒い画用紙をカットし、両面テープで軽く貼り付けて固定。

10 黒い画用紙の面に、貝殻を好きなように並べて一度配置してみる。名前をつけたい人はここでシールを貼っておく。名前シールを使うと便利。

11 配置が決まったら貝殻の裏に木工ボンドをつけて、1つずつ貼り合わせ、しっかり固定されるまで、そのままの状態で丸1日しっかり乾かす。

12 ボンドが乾いたら、額縁に11を戻してセットしたら完成。額縁なのでそのまま壁にかけたり、玄関に飾ったりもできる。

[監　修] 東海大学海洋学部水産学科
秋山信彦
吉川尚
東海大学海洋学部博物館
野口文隆

[　絵　] 加古川利彦

[編　集] 山下有子
[デザイン] 山本弥生
[写　真] 近藤ゆきえ
[協　力] 海辺工房ひとで

参考文献
「日本の貝〈1〉〈2〉」（学習研究社）
「世界海産貝類大図鑑」（平凡社）
「日本近海産貝類図鑑 第二版」（東海大学出版部）
「日本の貝：温帯域・浅海で見られる種の生態写真＋貝殻標本」（誠文堂新光社）
「海辺で拾える貝ハンドブック」（文一総合出版）
「大人のフィールド図鑑 原寸で楽しむ 美しい貝 図鑑＆採集ガイド」（実業之日本社）
サイト「自然毒のリスクプロファイル」（厚生労働省）
サイト「ぼうずコンニャクの市場魚貝類図鑑」（ぼうずコンニャク）

子どもと一緒に覚えたい 貝殻の名前

2019年 8月 1日　第1刷発行
2021年 5月31日　第2刷発行

発 行 人　山下有子

発　　行　有限会社マイルスタッフ
〒420-0865 静岡県静岡市葵区東草深町22-5 2F
TEL:054-248-4202

発　　売　株式会社インプレス
〒101-0051 東京都千代田区神田神保町一丁目105番地

印刷・製本　株式会社シナノパブリッシングプレス

乱丁本・落丁本のお取り換えに関するお問い合わせ先
インプレス　カスタマーセンター
TEL:03-6837-5016　FAX:03-6837-5023
service@impress.co.jp（受付時間／10:00～12:00、13:00～17:30 土日、祝日を除く）
乱丁本・落丁本はお手数ですがインプレスカスタマーセンターまでお送りください。
送料弊社負担にてお取り替えさせていただきます。
但し、古書店で購入されたものについてはお取り替えできません。

書店／販売店の注文受付
インプレス　受注センター　TEL:048-449-8040　FAX:048-449-8041
株式会社インプレス　出版営業部
TEL:03-6837-4635

 ISBN978-4-295-40336-4　C0045